在梦想中期盼 在岁月中凝望

学会耐心守候

主编 拾 月
编著 陈小梦

图书在版编目（C I P）数据

在梦想中期盼　在岁月中凝望：学会耐心守候 / 陈小梦编著. -- 北京：现代出版社, 2015.4（2024.12重印）
ISBN 978-7-5143-3504-0

Ⅰ. ①在… Ⅱ. ①陈… Ⅲ. ①成功心理－青少年读物 Ⅳ. ①B848.4-49

中国版本图书馆 CIP 数据核字(2015)第 067825 号

在梦想中期盼　在岁月中凝望：学会耐心守候

主　　编　拾　月
编　　著　陈小梦
责任编辑　王敬一
内文制作　诚美天下文化传播有限公司
出版发行　现代出版社
地　　址　北京朝阳区安外安华里 504 号
邮　　编　100011
电　　话　(010)64267325
传　　真　(010)64245264
邮　　箱　xiandai@cnpitc.com.cn
网　　址　www.1980xd.com
印　　刷　唐山富达印务有限公司
开　　本　700mmx1000mm　1/16
印　　张　9
版　　次　2015 年 5 月第 1 版　2024 年 12 月第 4 次印刷
书　　号　ISBN 978-7-5143-3504-0
定　　价　57.00 元

前言

每个青少年，都是这个社会中宝贵的财富，正所谓“少年强则国强”，大至一个民族、一个国家，小至一个家庭、一个家族，都应重视青少年的教育问题。除此之外，也应该重视青少年在这个青春期里，是否能够感受到人世间的善、恶、美、丑。在每个人的人生中，除了需要自身独特的性格之外，还需要拥有感受世界的能力。

勇气、淡定，是面对生活中挫折和荣耀时，该拥有的魄力和态度。

浪漫、珍惜，是成长路上的一种幸福，情感路上的一种懂得。

孝道、感恩，是乌鸦反哺、羔羊跪乳的做人之本，是成就阳光人生的支点。

紧张、守候，是释放无形压力，是量变到质变的成功。

大气、做人，是超凡脱俗后的快乐，是收获友情的聚宝盆。

青春，是每一个人最美好的一段时光，是人格、性格定型的重要阶段。在这个时期，我们需要享受青春的快乐，同时也需要完成自我塑造。通过心理自助，最终从一个小男生、小女生逐渐成长为一个有着健全人格的人，成长为一个对社会、对家庭、对自我有着相对完整认知的人，对自己的未来做主的人，这才是一个最充实、最有价值的青春。每个梦想都值得我们认真对待，每个青少年都是未来的希望。在青春中，我们不仅要有欢乐，同时也要拥有未来！

本丛书是你化解烦恼的“心灵鸡汤”，可以给你快乐的心理自助；本丛书会让你认识到：掌控心理，方能掌控世界；改变自己，才能改变一切。本丛书还将告诉你：只有实现积极的心理自助，才能收获快乐而充实的青春。

目录

第一篇 感悟守候：用一生体会一场无约之梦

第二篇 默默等待：若有含苞朵朵，自会花香满园

第三篇 掌握密钥：在风平浪静中找寻美妙之处

目录

第四篇 清醒面对：不该等待时，请积极行动起来

第五篇 成就自己：在世俗智慧里演绎最美年华

第一篇

感悟守候：用一生体会一场无约之梦

等待，是一件美好的事，只要等待，就会有希望。而希望是生活的源泉和动力，希望到来之前是等待，希望到来之后还是等待，因为那时又有一个新的希望了。其实，生命就是一个等待的过程，我们的一生就是在等待中度过的。

生命是一个过程，在这个过程中，你无法预料它将会发生什么，只有去面对，任何企图去定夺它的结局都将是一个极大的错误。如果你对以后发生的事情都了如指掌，那你将失去生活的意义，这无疑是一种令人窒息的后果。生命就是一个过程，生活下去你就会拥有意想不到的惊喜和收获。

为人处世需要平和的心态

故事话题

齐景公出巡，突然接到快马飞报：“晏婴病在垂危，恐怕等不及和景公诀别了。”景公闻讯，即刻准备调马返回。回都的命令还未出口，快马又到。

景公急忙发令：“驾良马烦且拉的马车，令车马主管韩枢亲当御手。”

韩枢领命起驾，疾驰数百步，景公迫不及待，认为车马主管驾车不快，急忙抢过马缰，亲自驾车。大约又跑了几百步，又感到马不肯卖力，命令大家跳下马车，跑步前进。

齐景公之举十分可笑。烦且本为良马，韩枢又是优秀的御手，这样的马车飞奔起来，怎么会有反而不如人下车跑得快的道理呢？齐景公想比马车更快，乃弃车飞跑，反而不如坐马车快了。这就是所谓的“欲速则不达”。

故事解析

这篇寓言告诉我们：急躁非但于事无补，反而会坏事。以齐景公当时的情况，下车而跑，肯定是赶不上见晏婴生前最后一面了，不如耐心地坐在马车上，等待马车驰还京师，也许还有一线希望。可见，在很多时候，等待是必要的。

古人常犯这种低级错误，按说今人应该从中汲取教训，避免重蹈覆辙，但是在实际生活中，很多人也和齐景公一样贸然行动，而不理智地好好想想。

等不及，常促使我们做出错误的选择。即使心知肚明，也会为了排遣等待所造成的焦虑心理而冲破承受底限，采用旁人看来很可笑的决定。所以，凡事都需要冷静沉着，分析清楚再去行动。

故事穿越

有个年轻人，工作能力很强，但是由于单位的人际关系较为复杂，而他又不善于左右逢源，始终未讨得领导喜欢。一气之下，他选择了辞职。

真是造物弄人，他离开原单位后不久，那个经常对他颐指气使、以“权”凌弱的领导被调走，而新上任的领导对他一直颇有好感，认为他可以身负重任。走过的路已无法回头，他只好在新的单位努力工作。只是没多久，他又觉得很压抑，于是又跳槽到新的环境中。

就这样，日复一日，年复一年，他从这家跳到那家，跳槽对他而言等同于家常便饭，而最初与他一起成长的那些人，大多成了本单位的中流砥柱，有的甚至进了高层。

每当人们对他提起曾经的同事现在管理有方，业绩突出时，他就很不服气，一味地认为人家是命好，自己没有那么好的机遇。

故事微语

或许，那些坐上领导宝座的人，工作能力不比他强多少，但他们在长久的等待中，用平和的心态，渐渐地积累，直到获得丰富的资历。久而久之，也就达到了一定高的水平。故事中的年轻人自以为只要不停地走下去，就能到达目的地。殊不知，等待本就是行走中的一个环节，有时候甚至比行走本身更重要。

在生活中，最好的时机是需要我们用最大的耐心去等待的。能够默默忍受等待所带来的苦闷，把焦虑转化为行走的动力，这便是一种大智慧。

要想得到收获，就要学会耐下心来一步步地生活。也许我们永远都不知道出路会落在脚下的哪一步，所以我们只得选择等待。其实，每份等待都是一种行走，不急不躁，坚持走下去，方才有自己的出路，做人是这个道理，做事也是这样。

心灵箴言

面对太阳，阴影将落在你的背后。

——[美] 惠特曼

能控制好自己情绪的人，比能拿下一座城池的将军更伟大。

——[法] 拿破仑

一个人如果能够控制自己的激情、烦恼和恐惧，那他就胜过国王。

——[英] 约翰·弥尔顿

世界如一面镜子：皱眉视之，它也皱眉看你；笑着对它，它也笑着看你。

——[英] 塞缪尔

心安身自安，身安室自宽。心与身俱安，何事能相干。谁谓一身小，其安若泰山。谁谓一室小，宽如天地间。

——邵雍

享受过孤独的人才足以谈人生

故事话题

16 世纪 50 年代，波兰天文学家尼古拉•哥白尼经过长年的潜心观察与研究，提出了日心说并出版了《天体运行论》一书，这触犯了基督教的教义，遭到了教会的强烈反对，统治者更是将其列为禁书。

但真理是封锁不住的，继哥白尼之后，开普勒、布鲁诺、伽利略等科学家，又进一步丰富和发展了哥白尼的学说。但他们为坚持科学做出了巨大牺牲：

布鲁诺被烧死在罗马的鲜花广场上；伽利略受到罗马宗教裁判所长达二十多年的残酷迫害；伽利略的晚年生活极其悲惨，照料他的女儿赛丽斯特竟然先于他离开人世。

虽屡遭险阻，这些科学家们也没有放弃，他们仍然孤独地在艰难中前行，他们宁愿在众人皆醉时独醒，也不想丧失对真理的坚持。

故事解析

等待，是一个孤独的旅程，但是并不孤寂。那些走在时代前面的人，因为不为世人所容，所以总是遭到排挤打击。但即便是这样，他们也矢志不渝，正是信仰给了他们坚持下去的力量。诚如伟大的科学家哥白尼、布鲁诺、伽利略等人。

孤独并不可怕，可怕的是对一切失去兴趣。能对人生有热忱，生活才有光亮。因此，在等待中我们应该鼓起勇气找出自己的路。有了自己的创造与成就，你就可以相信，孤独与寂寞并不如你所想的那样可怕，因为它对你有激励的作用。

孤独并不可怕，正因为有所等待，我们的精神世界才显充盈，我们才会更爱自己。张爱玲的作品都有着欲说不能的苍凉和惆怅，她曾写过这样一段美丽的文字：“夜那么长，足够我把每一盏灯都点亮，守在门旁，换上我最美丽的衣裳。”等待让人懂得审视自己，欣赏自己，从中领悟人生的真谛。

故事穿越

师徒二僧云游天下。一天，二人云游到一个偏僻的山村小镇，投宿在一户李姓人家。半夜，师徒二人被一阵号哭声惊醒。只见院中躺着一具水淋淋的女尸，男人正在准备棺木，而他的女人趴在那具女尸上哭得死去活来，背上还背着一个婴儿。

经过了解，师徒二人得知棺材中的人，是男子的妹妹，因感染村中盛行的瘟疫，忍不住痛哭而投河自尽，离开了人世。男人说，自己的妻子也得了病，早晚也会离开自己。

师父听完，双手合十，念了一句“阿弥陀佛”。

第二天天亮，师徒就起身了。想起昨夜之事，不免有些悲伤。徒弟问师父，为什么女人们如此脆弱。师父解释说，女人都是弱者。

师徒二人继续云游四方，凑巧的是，五年后他们又到了那个小镇。到了李家门口，一个五六岁的小孩在玩耍。徒弟说：“师父，这就是当年女施主背上的孩子吧。想必女施主已经过世，男施主另娶了。”

正在这时，门里走出来一个女人。她胸部与大腿紧紧地挤在一起，整个身子几乎弯成了弓形，比一个孩童还要低。但是师徒还是认出，这就是当年那位女施主。

师父忙上前问道：“施主这几年可好？”女人也认出了他们，忙把他们请进了屋，向师徒讲起了这几年的事情。女人说：“大师走后，我男人怕我把瘟疫传染给他，扔下我们娘俩就跑了。得了瘟疫本来也活不了多久，但是，我想如果我死了，我的孩子无人照顾，也必死无疑，所以我不想死也不能死。病发作了，痛得我满地打滚，用头撞墙，可是一想到孩子，我就有了忍受的勇气。”女人眼里闪过一丝泪光，接着说：“就这样，我没有死，却成了这副人不人鬼不鬼的模样。”

师父听完，双手合十，念了一句“佛祖保佑”。

第二天天一亮，师徒二人就离开小镇了。想起了五年前与昨夜之事，徒弟不解地问：“师父，您不是说女人是弱者吗？可女施主她……”

师父点点头，说道：“是的，女人是弱者，但是，母亲是强者。”

故事微语

女人是弱者，她们怕黑，一个人都不敢走夜路；她们怕蟑螂，见到这种小虫子能把她吓得魂都丢了。但是，母亲是强者，为了孩子，母亲可以勇敢地死去，也可以痛苦地活着，母亲什么都不怕，什么都可以承受。

母亲永远是强者，母爱永远是个奇迹，一切孤独苦涩的等待，在母爱的光芒下，都会变成甜美的希望，助孩子们长大，帮孩子们成熟。

其实，在等待中，我们永远不会是孤单一人。也许在世界的某一角落，有人正做着和你一样的事情，人思绪飘远。即使不是这样，在你的周围也一定还有你的亲友陪伴你，在你伤心时给你心灵上的慰藉；当你失意时，给你精神上的鼓励。有时候，你觉得人生是一个人的行程，却有好多关心你的人在不远处默默地陪伴着你。

心灵箴言

孤独可以使人能干，也可以使人笨拙。

——[法] 雨果

孤独，是忧愁的伴侣，也是精神活动的密友。

——[黎] 纪伯伦

人可以在社会中学习，然而，灵感却只有在孤独的时候，才会涌现出来。

——[德] 歌德

假如你在世界上是孤独的，完全孤独的，你就把这种孤独用作你的安慰和你的力量。

——[美] 霍德华·法斯特

一份等待，更是一种智慧的体现

故事话题

有个年轻人与女友约会，因为很早到达指定的地点，可他又没有等待的耐心，这个人逐渐变得烦躁不安，甚至有些气急败坏，他开始埋怨女友为何不像他一样早来，害得他等了那么久。

就在他抱怨连连的时候，面前突然出现了一位老者。“我知道你为什么如此不开心，”老者说，“戴上这块表，当你遇到不能等待的事情时，就将时针转一下，你就可以跳过当时的时间，想要多久都行。”

年轻人一听此言，在表示感谢之后，欣然接受了这个神奇的礼物。老者走后，年轻人试探着将时针扭了一圈，果然他期待的女友立刻出现在眼前了。他兴奋不已，心想，要是现在我们能结婚多好啊。于是，他又扭动了时针，面前就出现了他与女友举办婚礼的场景。接下来，年轻人又许了好多愿：豪华的别墅、健康的孩子、昂贵的车……他急不可待，将表针转了一圈又一圈，他没来得及思索后果，生命就这样从他身边飞快地掠过了。最后，他发现自己老了，疾病缠身，唯一的等待便是死亡的降临。

他懊悔不已：我情愿一步步走完一生，也不要这样匆匆而过，还是让我耐心地等待吧。这时，表的开关猛地向左动了。他的焦躁烟消云散了，心平气和地看着蔚蓝的天空，鸟叫声是如此悦耳，草丛里的甲虫是那么可爱。

故事解析

《基督山伯爵》里有这样一句话：“人类的全部智慧都包含在这两个词中：等待和希望……”可见，真正的等待是一种智慧的体现。它饱含着期望，积累着经验，构建着成长。它拥有阳光般的自信、信念、念想。只有将信念化为一个个具体的目标，一步一步以阳光般的热情与耐心走下去，你人生的等待才能像一颗颗晶莹剔透的珍珠一样最终串联起你丰富而美好的一生。

一棵长成材的好树，一般都会深深地扎根于泥土之中，而且具有强大的向上生长的冲劲。也许它会因人生的风雨而盘根错节，然而只要它没有脱离主干，那么，它的沧桑遒劲就是生命力和美的体现。这样的树让人兴叹，令人敬畏。做人也是同样的道理，要脚踏坚实的土地，眺望光明的远方，那么，你的每一个等待就都是成长，都闪烁着光明和希望。

人的一生，是一个不断探索的过程，也许并不是每一种等待都充满着必然。这也是生命的神奇和吸引人之处，它促使我们怀着好奇心一步一步地试探着走下去，实践自我、发现自我、接纳自我、挑战自我。只要我们用心去体验，以充满智慧的心灵去等待，就能通过不断地成长，最终走完有价值、有质量的一生。

故事穿越

有条小河，此岸遍布荒草和荆棘，彼岸却繁花似锦，鸟鸣嘤嘤。此岸有几条毛毛虫，非常向往彼岸的生活，它们抱怨它们的母亲为什么把它们降生在这种鬼地方。蝴蝶母亲说：“你们知道吗？出生在这边比那边更安全。要想到彼岸，一定要等到长大，现在还不是时候。”

一天，一个男孩在小河里游泳，出于好奇，游到此岸。几条毛毛虫迫不及待地落在男孩头上，想乘机到彼岸去。没想到男孩在下水的瞬间，发现了头上的异样，只三两下就弄死了那几条虫子。

不久，彼岸又游过来一群鸭子。又有几条毛毛虫蠢蠢欲动，想借助鸭子到对岸去，尽管这种尝试异常危险。可它们瞅准机会，落在几只鸭子的身上。鸭子们起初不知道，就在毛毛虫们暗自得意的时候，鸭子们发现了彼此身上的美味，然后，饱餐一顿。

尽管如此，剩下的毛毛虫对彼岸的向往并未消失。它们仍然在寻找时机。机会终于来了。一日，河里起了大风，风向竟是从此岸吹向彼岸的。毛毛虫们纷纷爬上落叶。落叶不一会儿就被风吹到河里，这正是它们想要的：以叶为舟，渡过河去。但不幸的是，风太大，把那些树叶都掀翻了，毛毛虫都被淹死了。

寓言的结尾还是挺乐观的：那惟一一条听妈妈话的毛毛虫，慢慢长大，变成一只蝴蝶，飞过河，到了美丽的彼岸。

故事微语

生命无时无刻不在渗透着等待，而如何等待，用什么样的方式去等待，则决定了你的成长历程与生命价值。

人生有时就像在等公交车，不想坐的车接二连三频频为你停留，而真正想坐的那辆车，却怎么也等不到，像是一场恶作剧。等到属于你的那辆公交车姗姗来迟时，却像约好似的结伙成行而至，使你不知如何选择，无论坐上哪辆车，都抹不去心头淡淡的怅惘，总觉得错过的似乎才是最好的选择。

当你终于作出选择安然上车后，回望等车的人们，有的听着音乐，踏着城市的节奏，显得潇洒自如；有的出神地阅读着手机文章，显得津津有味；有的以欣赏的目光观望着眼前流动的街景，显得气定神闲；当然，更多的是在焦急地挪动着碎步，一个个翘首企盼。

这就是为什么生活中有些人为了爱情或事业，可以用一辈子的耐心来等待，而更多的人则纷纷失去耐性，胡乱选择一辆公交车匆匆离去。其结果是中途下车还是其他，实在不得而知。

心灵箴言

耐心等待，风车从不跑去找风。

——[美] 斯克利维斯

善于等待的人，一切都会及时来到。

——[法] 巴尔扎克

人类的一切智慧是包含在这四个字里面的：“等待”和“希望”。

——[法] 大仲马

字典里最重要的三个词，就是意志、工作、等待。我要在这三块基础上建立我成功的金字塔。

——[法] 巴斯德

能够坚守的人最具魅力

故事话题

南北朝时期，在齐朝宰相竟陵王萧子良的王府内，名流云集，高僧满座。他们迷信佛教，大谈生死轮回、因果报应，宣扬人死后精神不灭。这时，一位普通官员挺身而出，驳斥高僧们的议论。他认为精神不过是人的形体的一种作用，依附和存属于人的形体，形体存在精神才存在，形体死亡则精神随之消灭。

这个人就是南北朝时期着名的唯物主义哲学家范缜。只见他高谈阔论，旁若无人，把萧子良等一帮王公名流驳得哑口无言。萧子良几次组织人马与他辩论，都被他驳倒了。萧子良无可奈何，派人对他说：“像你这样有才能，不怕得不到‘中书郎’高官，为什么要发表这种违背潮流的议论，我为你可惜。你应当赶快放弃你的议论。”

范缜听后，哈哈大笑说：“要我范镇‘卖论取官’，那我现在已经是更高的‘尚书令’和‘仆射’，何止是‘中书郎’啊！”

故事解析

范缜为坚持真理不为权势所动。无论是对于生活、情感还是对于事业，毋庸置疑的是，每个人都希望自己成为一个人人艳羡的成功人士。

什么是成功？人的价值观念不同，对成功的定义自然也不一样。但有一点却大致相同，那就是无数成功的背后都有或多或少失败的体验，坚强意志力的引领，以及人生经验的累积。坚持到底，等待到了极限，厄运也就到了尽头，幸福和成功便会悄然而至。

故事穿越

有这样一则耐人寻味的故事：在美国威斯康辛州，有一位辛勤而艰苦的农场经营者叫米勒·琼斯。他的身体健壮，农场的工作虽然辛苦，但米勒·琼斯仍是日出而做日落而息，然而每天勤奋工作的结果却只能换得一家人三餐的温饱，单纯的米勒·琼斯从来不敢奢望财富会与自己有缘。

天有不测风云，不幸的事突然降临在米勒·琼斯的身上。有一天，米勒·琼斯早上醒来发现自己因为中风而全身瘫痪了，躺在床上，丝毫动弹不得。所有人都认为，米勒·琼斯这一生在此时已画上了休止符，他辛苦经营的小农场也完了。但躺在床上的米勒·琼斯却不这么认为，他的身体虽然瘫痪了，可是意念还非常清楚。他认为自己依然可以思考与计划，既然再也无法用身体从事繁重的工作，米勒·琼斯开始想办法，希望不要成

为家人的负担，并且能继续养家糊口。

经过一段时日的构思，米勒·琼斯终于向家人宣布了他的计划。米勒·琼斯的构想是，他既然无法再用双手工作，只好将繁重的农场工作交给大脑。他决定将农场全面改种不需人工照料的玉米，虽然玉米的价格极低，不符合家人生活所需，但只要将收成的玉米拿来养猪，再趁着乳猪肉质异常鲜嫩之际，将猪肉制成热狗出售，便可获得数倍于种植原来农作物的利润。

米勒·琼斯的构想付诸实施之后，果然大获成功。“琼斯嫩猪热狗”在美国各大超市火爆畅销，成为热门抢购的美食，同时也为米勒·琼斯家族带来他们从来也不敢想象的庞大财富。

故事微语

在我们等待的过程中，每时每刻都存在着很多变数，有的已经显形，有的还在潜伏，这些都可使事情的发展与我们所预期的有所出入。就因如此，当等待的日子宛如书页一样飞快地翻过去的时候，我们原有的一腔热忱便会逐渐地滑入冰点。直至我们再也承受不住如此的折磨，以及怎么努力都看不到希望的一次又一次的失落感，于是，选择了转身撤离那坚守已久的阵地。

然而，任何事情都不是一帆风顺的，事物的发展本身就是一个曲折的螺旋上升的过程。如果你选择了放弃，那么，就将永远看不到最美的那一刻。

西方有句格言：上帝在为你关上一扇门的同时，必定同时为你打开一扇窗。一个等待结束，必将迎来下一场等待。等待是行走的方式，是生命力的体现。无论你的人生境遇如何，遭遇了什么样的苦难和不幸，都不能说明你永无出头之日。

人生常常就是这样：只要我们的信念不灭，能够忍耐诸多的磨难，只要我们的心不死，终会等到成功的那一天。

心灵箴言

冬天到了，春天还会远吗？

——[英] 雪莱

耐心是一切聪明才智的基础。

——[古希腊] 柏拉图

人有了坚定的信念才是不可战胜的。

——[意] 贝蒂

从此我不再仰脸看青天，不再低头看白水，只谨慎着我双双的脚步，我要一步一步踏在泥土上，打上深深的脚印。

——朱自清

时的守候能迎来未来的成功

故事话题

都市人行走在高高的天桥上，每日里忙碌地赶往工作地点。他们忙碌的身影似乎对周围的一切不屑一顾。但如果留心观察你便会发现天桥下面经常停留一些带着铺盖卷的民工。

那些从四面八方的穷乡村到这个城市寻求一份苦力的民工，他们每天都不约而同地聚集到天桥下面，劳累了一天的他们总会在这里铺一张席子，睡一个晚上，似乎这里才是他们应该去的地方，才是他们的世界。

在这个举目无亲的城市，他们以劳动者的身份，用自己坚强的身躯努力挣钱，为摆脱贫穷，为了家里年迈的母亲和还在读书的孩子，也为了等待好日子的到来，等待可爱的阳光能够照射到他们贫穷的角落里。

是的，他们一直在等待。建筑工地上，炽热的阳光下，黝黑的肩膀上，他们扛着一袋袋晒得滚烫的水泥快速地搬运着。对于那些高级白领，对于小资生活，他们没有奢望过，他们也不知道那到底是一种怎样的生活。但他们仅仅是在等待他们心中的理想。为了这个理想的实现，他们又不仅仅是等待，他们还在拼搏，在努力地创造生活的机会。

故事解析

有时我们总是抱怨自己生不逢时，或者怀才不遇，或是天不遂人愿，可是是不是也应该问问自己是不是哪儿没做好，我们是不是还差点什么？与那些农民工相比，我们是不是缺少了一份执著和耐心？也许我们再多坚持几天，一切就变了。在等待的时候不要灰心丧气，也不要着急，要相信成功的种子正在你看不见的地方生长。

唐代诗人李白在几度遭贬后写下了一首流传千古的绝句：“长风破浪会有时，直挂云帆济沧海。”人们在等待中犯的最大的错误就是半途而废。很多有目标、有理想的人，他们工作，他们奋斗，他们用心去等待。但是由于成功的过程太漫长，太艰难，他们愈来愈倦怠、泄气，终于半途而废。直到后来他们才发现，如果自己能再坚持久一点儿，如果他们能再向前瞻望一下，他们就会得到结果。

所以，只要仍有一线希望，就一定要耐心坚持。假如你换个心态，换个角度，换种行为，换种语言，换种心情，你会发现，一切也许还不晚，一切也许还会有新的变化；只要你再坚持一分钟，事情就可能会出现转机，转机之后，或许就能迎来成功。

故事穿越

1929 年，草间弥生出生于日本长野县一个很富裕的家庭。不幸的是，她患有先天神经性视听障碍，视物时如同隔着一层布满圆点的网，模模糊糊的。母亲对她说："要是你能把看到的圆点都画出来，那你的眼睛也就好了。"于是，她拼命地画她眼睛里的圆点，希望能治好自己的眼病。

若干年后，依然只能看到网状世界的她，迷上了圆点绘画。从京都美术工艺学校毕业后，她没有找工作，而是回到家里废寝忘食地作画。尽管母亲极力反对，她也一天都没有放弃过。直到有一天，她的"圆点画"受到了精神病医生西丸四方的欣赏，购买了她的画，还把她介绍给一位梵·高画的研究者。西丸四方对她说："梵·高患有精神分裂症，但他却是一代绘画宗师。有时先天的缺陷反而成就了艺术。"这极大地坚定了草间弥生在艺术道路上走下去的决心。

26 岁那年，一向胆小的她给美国女画家乔治亚·欧姬芙写了一封信。不久，她就收到了女画家的回信，信中除了鼓励外，还有热情的邀请。经过千辛万苦，两年后，草间弥生终于要前往美国。临行前，母亲给了她 100 万日元与她断绝关系，失去亲情的她更加决然和拥有了孤注一掷的勇气。

初到美国，她贫困潦倒，经常在半夜被冻醒，肚子饿得咕咕叫，只好用在街边的垃圾中捡的鱼头和烂菜叶熬一碗热汤，再继续画画。渐渐地，她的网状图案和圆点开始被纽约知名评论家关注。

终于有一天，她的成名作《无极的爱》诞生了。接着，她的雕塑作品《南瓜》在香港地区拍卖到天价——272 万港元。她还引领了时代潮流——为兰蔻设计的化妆包以及为 AU 设计的手机都成了热销品，圆点图案服装风靡日本。2009 年 6 月，英国《泰晤士报》评出 200 位 20 世纪最伟大的艺术家，她名列其中。

故事微语

无论是绘画还是雕塑，她的作品几乎都以圆点为题材。她说：“地球也不过是宇宙众多圆点中的一个，画好了圆点，就画好了宇宙，画好了世态人生。”

圆点曾是她的不幸，使她的世界无比残缺，然而，她又是幸运的——正是她钟爱圆点，不厌其烦地重复圆点，才使她取得了举世瞩目的成功。草间弥生漫长的人生等待，坚定了成就梦想的决心，最终使她不虚此行，获得了最终的成功。

生活中，很多成功者的身上都有一些共同的性格特质：他们大多是一个有理想并且能将此理想以长久的意志去实现的人。正可谓“有志者立长志，无志者常立志”。时光可以消磨掉一个人的青春，但是一个有理想的人却不会因为年华的消逝而衰老。理想与意志会给人们提供源源不断的能量，这种能量经过岁月的磨砺渐渐转化为一种睿智，一种自信，一种永不消磨的激情和神采，这是一个经过岁月磨蚀后痛苦的转变过程，有如鹰的蜕变。有了坚强的意志，我们就拥有了成为生活强者的可能。

心灵箴言

千红万紫安排着，只待新雷第一声。

——张维屏

那专想等待良机的，无异在等待月光变为银质。

——[美] 罗斯乔特

人类所有的力量，只是耐心加上时间的混合。所谓强者既有意义，又有等待时机。

——[法] 巴尔扎克

人生是跋涉，也是旅行；是等待，也是重逢；是探险，也是寻宝；是眼泪，也是歌声。

——汪国真

第二篇

默默等待：若有含苞朵朵，自会花香满园

在生活中，当时机未到时，我们常需要等待。等待也是行动的一种方式，但是无所作为的等待会使人销声匿迹，若是在守候时拼得太凶太急，也会错过许多美好的风景，靠近中心的盲动又充满危险，我们只有慢慢崛起才是明智的选择。

人的一生，就是在永远达不到目的地的路上走着，等待着，有风、雨，有甘露、阳光，但无法得到一次性全部实现的愿望，那也许已经是最美的，人活着，不是要超越别人，或是到达哪个点，而是为着走那一段属于自己的路，那路也是命运中注定的，而人自己主宰的，只是用自己一生不同的方式，走出色彩般的人生。

有奋斗，就有暗流涌动

故事话题

被称为“香港漫画教父”的黄玉郎就是在人生的跑道上一圈又一圈地努力着，最终实现了夙愿。他自小酷爱画画，自从9岁那年，他就尝试着给报刊的漫画版或专栏投稿。因为家境贫寒，他在13岁便辍学了，并应征进《时代漫画日报》社做小工，兼当学徒画工。但好景不长，不久便因漫画业萧条而失业。

在等待中，黄玉郎终于决定自己开一家漫画社，于是他向父亲借了一些钱，很快经营起自己的事业来。然而，由于缺乏经验，又适逢经济不景气，黄玉郎的首次创业很快以失败告终。一年后。他又跃跃欲试，与人合资出版《娱乐漫画日报》，可由于销路不振，3个月后就停刊。

连续两次遭到了重创后，黄玉郎又在积攒了一些钱后与人合作开始第三次创业。这次虽较为成功，但半年之后，“五月风暴”席卷香港，他的生意又变得惨淡起来。

1969年，香港经济复苏，漫画市场随之出现转机，但也同时遭遇日本漫画的冲击。但黄玉郎并没有产生转行的念头，而是决定等待和坚持。之后，他与一位做印刷的朋友合资办了一个“钻石出版社”。没过多久，不善经营的他又将股份及存书全数卖给出版社，从老板变成供稿的漫画师。

1971年底，他又再次与人联手创业，成立了玉郎图书公司，专门出版各种漫画刊物。销量很快突破两万份，利润颇为不俗。经过3年的努力，玉郎刊物的销量稳居香港市场第一位，压倒了“称霸”一时的日本图书。

故事解析

1967 年，香港经济正值低谷，黄玉郎曾说过这样的话：“我的漫画里每个英雄有成功也有失败，但他们永远不会放弃。被打下台也要重新爬起来，有种打不死的精神，这也是我的精神。”

“永不放弃”意味着等待和坚持。黄玉郎在每次失败之后，都没有放弃，而是选择等待，之后再一跃而起，从头来过。5 次人生的起伏，让他收获颇丰，也让他在等待中逐渐成熟、成长起来，选择耐心的等待和坚持才使黄玉郎有了后来的辉煌成就。

人生是一条已经规定好的没有方向性的圆弧，人生需要无数重复的道路。就像黄玉郎接连的几次创业都是重复地从摔倒的地方爬起来。但是，每次却都有不同的意义，每战胜自己一次，我们就会变得强大一些，距离成功也近了一些。

故事穿越

一个名叫于海军的研究生竟然辞去了稳定的工作操刀开起了“茶油鸭”店，亲手做鸭子。他原来在某个国企上班，工作很轻松，只是收入不多。后来受经济危机的影响，他的工资又开始下滑了。就在那时于海军便思虑了自己日后的发展方向。

经过一番仔细的考虑之后，他决定辞职创业。后来，经过严密的考察，他发现“茶油鸭”在青岛卖得相当火，最后决定加盟“茶油鸭”店，来烟台开店。谈起未来打算，于海军说：“我会用心做下去，通过开鸭店为自己掘取创业第一桶金。”

又有新闻报道，2009 年 3 月。重庆 21 名富商打算集体闯荡全球闻名的金三角地区，投资开发老挝境内的“金木棉东盟经济旅游特区”。他们感到金三角地区旅游资源丰富，商机无限，即使在经济不景气的情况下，这里也是一片旅游圣土。

故事微语

等待，是一种迂回曲折的策略。等待不是做白日梦，不是天天翘首盼望，而是一种准备的过程，它能够使人取得不鸣则已，一鸣惊人的收获。古今中外，凡是成大事者，都经历过等待的煎熬。他们在等待中历练了自己的耐心，也在等待中积极谋划，为未来充实自己。

等待中，人们需要平静地面对现实，在平凡的世界为自己打造一颗不平凡的心灵，以此调整自己的精神状态，改变你所面对的一切。如此，当走出低谷的时候，才能够在自己已经诸熟的领域里提出独到的见解，做出比他人更高明的判断，干出惊天动地的大事。

在等待中，我们还要时刻保持高度的敏感，对自身，对瞬息万变的情况都是如此。只有这样，当事情发生微小变化时，我们才能早他人一步，预见到事情将会按照什么样的脉络发展下去，更可据此做出快捷、准确的选择。

此外，我们还要牢牢立足于现实，不断挖掘自身和现状中的潜力，力争在困境中能谋生存、求发展。

心灵箴言

拼着一切代价，奔你的前程。

——[法] 巴尔扎克

凡事欲其成功，必要付出代价：奋斗。

——[美] 爱默生

当时间的主人，命运的主宰，灵魂的舵手。

——[美] 罗斯福

对真理和知识的追求并为之奋斗，是人的最高品质之一。

——[德] 爱因斯坦

在机遇面前不急不躁

故事话题

有个荷兰小伙子，初中毕业后在一个小镇上找了一份为政府看门的工作。照常理说，这个职位对于一个热血青年来说无疑是一种折磨，但他却不这样看，他不但尽职尽责，还在门卫这个岗位上一直工作了60多年。

起初，由于工作的清闲，他选择了既费时又费工的打磨镜片的工作，作为自己的业余爱好来消磨时光。他一有空闲就磨呀磨，转眼就过了半个多世纪。不知不觉中，他的技术突飞猛进，已经超过专业技师了，他磨出的复合镜片的放大倍数，比他们的都要高。

借着他研磨的镜片，他终于发现了当时科技界尚未知晓的另一个广阔天地——世界微生物世界。此后，他名声鹊起，初中毕业的他被授予了在旁人看来是高深莫测的巴黎科学院院士的头衔，甚至连英国女王都到小镇去拜会过他。

缔造这个人生奇迹的人物，就是科学史上著名的、活了90岁的荷兰科学家万•列文虎克。在等待中，他心如止水，认认真真地将手头上的每一个玻璃片磨好，用一生的时间完善每一个平淡无奇的细节，最终取得了惊人的成绩。

故事解析

元代高明在《琵琶记》中说的“十年寒窗无人问，一举成名天下知”，他以“头悬梁、锥刺股”的苦读精神，来激励读书人追求做大官、发大财。“十年寒窗”意指要通过艰辛的努力，十年并非实数。“十年”，也是指等待的时间之长：人人都想功成名就，鲜有甘愿被埋没者。

但是，我们应该像万·列文虎克一样，在被上苍不重视的时候，耐心等待另一扇门的开启。对于万·列文虎克而言，等待是一种期望，一种漫长，一种延续，也是一种沉默，一种坚持。他用一颗恒心，在等待中思索，在等待中转换，在等待中觉悟。

故事穿越

汉代名相张良在最穷困潦倒时，曾在一座草桥边看到一位老人把草鞋甩到了桥下。老人要张良替他拾上来。张良一怔，耐着性子走到桥下，捡起鞋，递给老人。不料老人不用手接，却把脚一伸，示意张良给他穿上。张良虽心中有火，但是看见老人须发皆白，又动了恻隐之心，便恭恭敬敬地给老人穿上鞋。

鞋子穿好了，老人意味深长地对张良说："5天之后，赶天亮前来桥上跟我相会，我有重要的事情告诉你。"

第五天早上，天刚亮，张良就兴冲冲地赶到桥上。哪知，老人早已站在桥的中央。张良一到，老人埋怨他说："与老年人相约，竟然不能遵守时间，真不应该。"张良也不强辩，一个劲儿地向老人认错，老人让他过5天再来。

到了第5天的清晨，张良如约来到草桥，老人却以他迟到一些为由要他5天后再来，张良忍着怨气照做了。如此反复三次，终于，老人给了他一本名为《太公兵法》的书。此书讲的就是吕尚的用兵之道，是当年姜太公吕尚辅佐西周武王，举兵伐纣，立下丰功伟绩，被后人誉为“将神”。

之后，老人又对张良说：“你读通了这本书，就能做帝王的老师。10年之后，就会成就一番事业。”于是张良听从了老人的教诲，在失意中等待了10年，果然时来运转，辅佐刘邦成就了霸业。从这个故事可以看出，张良如果失去了意志，就不会有后来的张良。

故事微语

陶渊明说：“俯仰终宇宙，不乐复何如？”一个随遇而安的人，能快乐度过一生；反之，一个不满于现实环境的人，整天怨天尤人，终至害己又害人。随遇而安的人，吃得好，睡得香，饮食不求精美，呼吸均匀深沉。随遇而安的人，能发现生活中随处可见的美。他们幸福快乐，享受人生的每一分、每一秒。随遇而安的人，心灵不为失意之事所困扰，无论身处何地，遭遇何事，都能保持一种平和安然的心态，并继续坚持自己的追求。

安于现状，就是安于目前所负的责任；不论责任是如何的小，职位是如何卑微，也要求心之所安，把它做到最好。心不能安，情绪浮躁，会令自己在机会来临时被火气遮了眼而与之错过。

心灵箴言

真正的管理人是去管理人的情绪。

——顾修全

如果世界上有地狱的话，那就存在人们的心中。

——[英] 罗·伯顿

如果能左右自己的思想，就能够控制自己的情感。

——[美] W·克莱门特·斯通

如果你对周围的任何事物感到不舒服，那是你的感受所造成的，并非事物本身如此。借着感受的调整，可在任何时刻都振奋起来。

——[罗马] 奥雷柳斯

把积累当做步步天涯的阶梯

故事话题

有个女孩，梦想考上某所心仪很久的医学院校，将来成为一名医术高超的军医。但在考试中屡屡失败，以至于亲朋好友跟老师们都劝她放弃。可是女孩却说，“我就要进那所大学，我要实现小时候的愿望。这次我没有发挥好，我还可以等下次，只要我坚持，我一定能成功的。”听者转而叹息，要知道，这已经是女孩第三次高考了。

无奈之下，家人只好又为她交了补习费。她的固执让亲友很费解，女孩原本就很优异的成绩，随便上个不错的大学都可以，为什么一定要从一棵树上吊死。三年时间，意味着同龄的女孩马上要大学毕业了，而女孩却还在高考大军里面日夜奋战着。

第四次参加高考，很多人都以为上次差两分的女孩这次一定没问题，但她还是失败了。这次落榜又给她带来很多压力，连同学们都指责她、嘲笑她。她擦掉委屈的泪水后，又跟家里提出了复读的要求。家人大声斥责她，甚至情急之下还打了她，可终究还是无可奈何地满足了女孩的愿望。

终于，皇天不负有心人，这一次，女孩如愿以偿。当她迈进医校的大门时，同龄人都已经踏入社会，各自去找工作了。但女孩并不后悔，她在大学里刻苦学习，之后又读了研究生，还考了博士，直到将书念到了顶点才罢休。那时，她大学的很多同学也多半进了医院等单位，有些已结婚生子，生活和工作都稳定下来了。她的同学认为，有了本科文凭就可以了，过高的学历没什么用处。可她却不以为然，每每遇到这种质疑时都笑而不语。

当女孩博士毕业的时候，她以自身的能力被一个大城市的军医院选中，成了一名大夫。在那里，她还邂逅了自己人生的另一半，并与之结为连理。在她工作的第二年，部队又给他们分了套三居室的大房子。而她的那些本科毕业的同窗们，还在为还房贷发愁，为工作不稳定发愁，为自己的文凭越来越不值钱发愁，而这一切，女孩在起初的一次又一次等待和坚持中均已拿到手了。

故事解析

女孩的等待，看似幼稚，实际却是成熟的表现。凡事没有到位，她宁愿寻找机会等下一次努力达成。即便屡受挫折，她也不放弃，而是继续坚持，把每一步的努力积累起来，为自己的成功铺路。这是一个漫长而又充满压力的过程，这种苦等，虽然不为大多数人理解，却因未迷失人生方向，而动力十足，最终能驱散阴霾，展示生命的辉煌。

苦等，是心态的外延。只要去坚持，苦的藤便会结出甜的果来。

当然，很多人并非像上例中的女孩那么幸运，而是等来一场空。这种等恐怕最让人难以接受了，但是既然结局已经写好，我们已经看到了，也无愧于自己守候的那些岁月。

故事穿越

在南美洲安第斯高原海拔 4000 多米人迹罕至的地方，生长着一种叫普雅花的植物。它的花期只有短短的两个月，花开之时却十分美艳，花谢之时也是极尽荒凉，整个花株随之枯萎。但是谁能想到，普雅花为了两个月的花期竟等了整整 100 年呢！

用 100 年等待一次花开，等待一次两个月的美丽，值得吗？或许神奇的普雅花从未思考过这个问题。它只是静静地伫立在高原上，默默地用叶儿采集阳光的能量，默默地用根儿汲取大地的养料，默默地努力营造自己的花事，默默地等待了 100 年，只是为了用百年一次的花开来证明生命的美丽和价值。

故事微语

有时我们就像普雅花一样，执著于自己的坚持，只为生命最美丽的一刻。在与所愿相遇之前，我们也是为某些目的、希望而努力着，不断地充实自己锻炼自己，等能量积累到一定程度，我们就有希望达到自己想要的成功。

在此期间，我们可能身陷其中不能自拔，我们有些许空想主义的意识，却因怀有梦想，而倍感充实。而等待于我们，无论多长时间，都是有价值的，它让我们明白了究竟该如何取舍；让我们在独自的徘徊思考中了解苦等的价值。

如果没有结局，至少还有一个等待的过程，只要没有结局，这个过程就是不断持续的，因为没有结局，到头来还可以继续期待些什么。这样的人生不应是荒谬的，而是为了一个坚持而执著追求的寻梦之旅。

心灵箴言

聪明在于勤奋，天才在于积累。

——华罗庚

锲而舍之，朽木不折；锲而不舍，金石可镂。

——《荀子》

战术之为物，一言以蔽之是若干世纪以来的军事经验的积累。

——[法] 戴吉伯

如果我们过于爽快地承认失败，就可能使自己发觉不了我们非常接近于正确。

——[英] 卡尔·波普尔

“三年不鸣，一鸣惊人”

故事话题

春秋时代，楚庄王少年即位，面临朝政混乱，为了稳住事态，他表面上三年不理朝政，每天只知打猎消遣，回到宫中就与宫女日夜饮酒作乐。人问之，曰：“三年不飞，飞将冲天；三年不鸣，一鸣惊人。”

楚庄王表面上三年不理朝政，实则暗地里在等待时机。楚庄王当初面临群雄争霸的局面，不是甘愿居后，而是在内政外交上条件不够成熟。

当时内有朝中元老相斗、越级揽权恃重，不把他这个乳臭未干的新王放在眼里，大事没办法做，小事不想做。外有诸强争霸，列国林立，

战略格局也还有待冷静观察，以稳待变。

他的羽翼尚未丰满，不是飞的时候。他能做的就是等待机遇。声色犬马可迷惑权相、示弱韬晦。齐桓公能在争权斗争中，用假装中管仲之箭，骗得时间，制造机遇，捷足先登，楚庄王就能深藏宏图躲在声色犬马之后，等待腾飞鸣叫的时机。

三年之后，庄王首先物色到了一大批忠臣良将，为朝廷所用。接着先后灭庸、伐宋、攻陈、围郑，陈兵于周郊，问鼎周王朝。前 597 年，于今河南荥阳北大败晋军。公元前 594 年，迫使宋订下城下之盟，并陆续迫使鲁、陈、宋、郑等国归依，使楚国成为春秋五霸之一。

故事解析

楚庄王的"三年不鸣，一鸣惊人"这句话告诉我们，人要施展才能，必须学会在等待中积极谋划。积累实力、创造机会，这样的等待才可以一举成功，一鸣惊人。

在等待中谋划，要有大智慧。谋划就是超前想事，不观望等待。也许在你等待的时候，对方已经先发制人，处于优势。因此，空等是消极的，它也不太可能扭转时局。

通过谋划，你可能是委身以求志、苟且以偷生，以麻痹他人，获得转机。这是一种等待时机的策略，韬光养晦的智慧；是在等待中对机会的窥伺，是在冲锋前对自己爆发力的凝聚。因为机会不可能俯拾皆是，它需要认真寻找；力量也不可能随时都有，它需要慢慢积蓄。等待不仅是一种智略，很多时候更是一种坚韧的毅力和顽强的意志。

故事穿越

有这样一个故事：三个来自不同国家的人一起被关进监狱，他们的刑期都是三年。于是，监狱长询问他们有何愿望，并表示若是条件允许，可以满足。

第一个是美国人，他对雪茄烟情有独钟，于是要了三箱雪茄。

第二个是最爱浪漫的法国人，他向监狱长提出要一个形貌娇美的女子为伴。

第三个是聪明的犹太人，他的要求很简单——只要一部能与外界沟通的电话。

光阴荏苒，转眼间，三年一晃而过。第一个从监狱中走出来的是美国人，他的嘴里鼻孔里塞满了雪茄，他气急败坏地叫道：“为什么不给我火！”原来，他忘了要火了。

接着，法国人也出来了。他携着娇妻，怀里抱着一个可爱的孩子，他的妻子手里也牵着一个小孩。

过了一会儿，犹太人出来了，见到监狱长后，他急忙上前握住对方的手，十分虔诚地说道：“谢谢您啊！要是没有您当初的许诺，我至今还身无分文。这三年来，我利用那部电话，每天都和外界联系，我原来所经营的厂子不仅没有倒闭，反而效益连连增长！”

故事微语

这个故事告诉我们，什么样的选择决定什么样的生活。今天的生活是由三年前我们的选择决定的，而今天我们的抉择将决定我们三年后的生活。我们要选择接触最新的信息，了解最新的趋势，从而更好的创造自己的将来。

我们跌倒了想要爬起来，不能拿鸡蛋去跟石头硬碰，我们必须静下心来想办法，等待上升的机会。在这过程中我们就得更加努力地磨炼自己，为下一次腾飞积蓄能量。成功往往是可望而不可即的，而在等待中，付出自己艰辛的努力去争取成功，是必不可少的。

心灵箴言

时则动，不时则静。

——佚名

君子藏器于身，待时而动。

——佚名

不飞则已，一飞冲天；不鸣则已，一鸣惊人。

——司马迁

征服命运的常常是那些不甘等待机运恩赐的人。

——[英] 国马·阿诺德

在等待中要懂得发挥优势

故事话题

有一段时间，美国的某个地方遭遇经济萧条，不少工厂和商店纷纷倒闭，被迫贱价抛售自己堆积如山的存货，价钱低到 1 美元可以买到 100 双袜子。那时，约翰·甘布士还是一家织造厂的小技师。他马上把自己积蓄的钱用于收购低价货物，人们见到他这股傻劲，都公然嘲笑他是个蠢材。约翰·甘布士对别人的嘲笑漠然置之，依旧收购各工厂抛售的货物，并租了一个很大的货仓来储货。

他妻子劝他说，不要把这些别人廉价抛售的东西购入，因为他们历年积蓄下来的钱数量有限，而且是准备用作子女教养费的。如果此举血本无归，那么后果便不堪设想。对于妻子忧心忡忡的劝告，甘布士笑过后又安慰她道：

“3 个月以后，我们就可以靠这些廉价货物发大财了。”

可是，过了 10 多天后，那些工厂贱价抛售也找不到买主了，便把所有的存货用车运走烧掉，以此稳定市场上的物价。太太看到别人已经在焚烧货物，便抱怨起约翰·甘布士。对于妻子的抱怨，约翰·甘布士一言不发。

终于，美国政府采取了紧急行动，稳定了但维尔地方的物价，并且大力支持那里的厂商复业。这时，但维尔地方因焚烧的货物过多，存货欠缺，物价一天天飞涨。约翰·甘布士马上把自己库存的大量货物抛售出去，一来可以赚一大笔钱，二来可以使市场物价稳定，不致暴涨不断。在他决定抛售货物时妻子又劝告他暂时不急于把货物出售，因为物价还在一天一天飞涨。约翰·甘布士平静地说：

“是抛售的时候了，再拖延一段时间，恐怕后悔莫及。”果然，约翰·甘布士的存货刚刚售完，物价便跌了下来。他的妻子对他的远见钦佩不已。后来，约翰·甘布士用这笔赚来的钱，开设了 4 家百货商店，业务十分繁忙。

故事解析

商场上的幸运和倒霉，往往与利用时机有关，有些人在失去良机之后，才顿足扼腕，那么他注定是一个倒霉蛋，而有些人明白时机稍纵即逝，因而能及时把握，这是一种思维上的优势。所以，他的一生一帆风顺，心想事成。

商场上的商人要懂得抓住机遇，要有长远眼光，要有机敏的辨识能力，国与国之间的交往更是如此。有时候一笔交易的成功与否更是国家领导们智慧的较量。而那些真正有价值的事物却从来不会错过时间的考验。

故事穿越

宁夏招商国际旅游有限公司总经理朱泽民在非典期间进行了非典型旅游，那一年他正准备大干一场，孰料 SARS 让旅游行业几乎陷入了“瘫痪”，出境游更是完全停止了，宁夏招商国际旅行社也举步维艰。

当时谁都不知道疫情还将以怎样的态势继续发展下去，甚至不知道在那么多的不幸感染的人中会不会有自己。但是朱泽民却没有多大的心理负担，反而随遇而安，在等待这场突如其来的灾难的不断变化的过程中，他组织公司员工学习培训，锻炼身体。

疫情刚得到有效控制后，旅游局号召“宁夏人游宁夏”，招商国旅第一个响应，在不到一个月的时间内组织了近 2000 人次的区内旅游，逐步恢复了营业。到年底，公司的营业额不但没有下降还有一定幅度的增加，成了当年宁夏旅行社行业的第一名，被自治区旅游局命名为“抗击非典先进单位”。

也是在那一年，北京朝阳医院的一名叫张锦的护士，在工作的过程中不幸感染上了非典。但是她没有对疾病失去信心，而是在等待中随遇而安，进一步展现了自己的勇气与乐观。

她不仅告诫自己要乐观，还尝试着让病友们的心情都愉快起来。三周之后，张锦就病愈出院了。不久，张锦被评为朝阳区“关爱形象”大使，并获得中国青年“五四”奖章和北京市“五四”奖章。2008 年 2 月，张锦还当选为奥运火炬手。

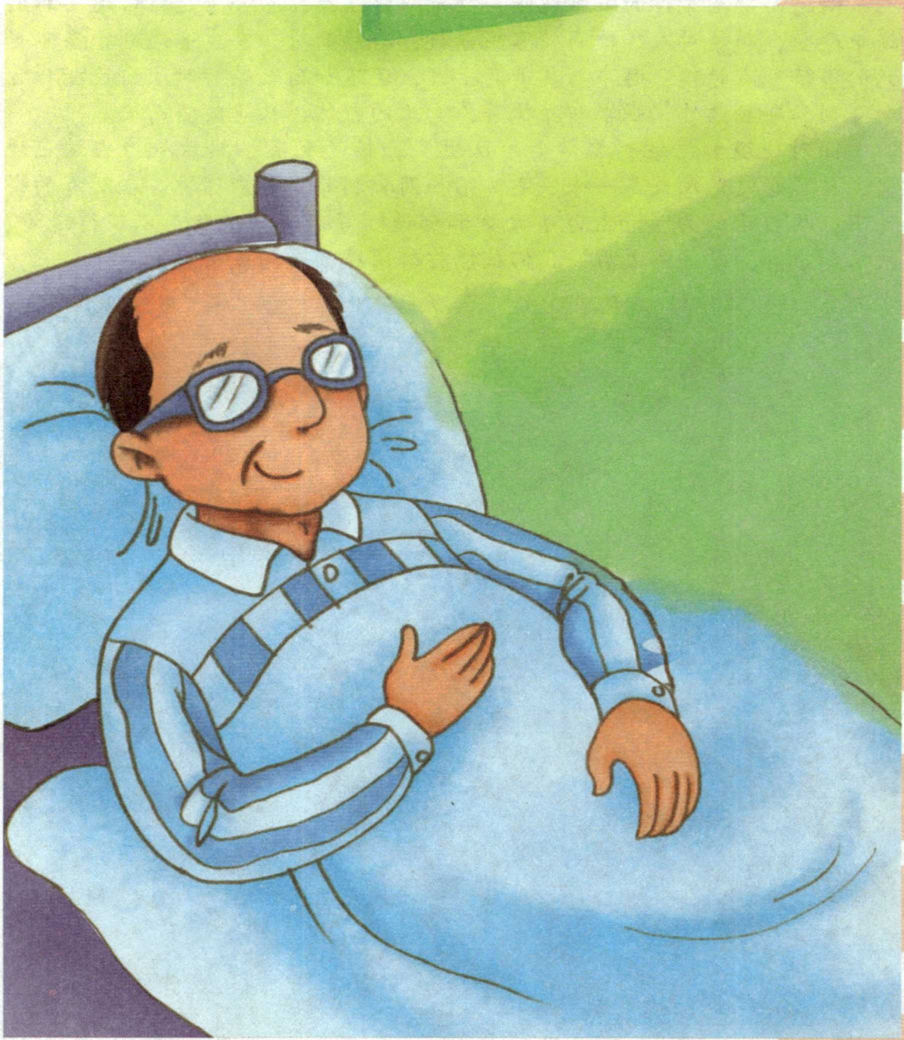

故事微语

生活总会有所变化，如同我们在不断的长大。我们也总有无法改变的人和事，若一味地强求，只会让自己更加的迷茫、无奈和痛苦。其实这才是生活所制造的陷阱，我们应该建立一种“坚强——随遇而安”的生活哲学，理性地体会人的自然需要，顺其自然地生活。

随遇而安是等待的一种境界，也是一种选择，它并不是对命运之神的逆来顺受，而是对人生境遇的客观分析，冷静面对。人生会遇到很多不如意的事情，有时候，遇事与其着急上火，还不如耐心等待时间自己指出方向。刻意即显做作，强求即显执著，真正的自然，只是随遇而安。

面对逆境和厄运，要学会承认现实，接受现实，然后尽力去适应现实。与其怨天尤人或是一味逃避，不如因势利导，适应环境，在既有的条件下，尽自己的力量和智慧去发挥和创造，寻求新的道路，以获得进步、快乐和宁静，或许不久后，我们就能打破困境，走向成功。

心灵箴言

成功的秘诀，在永不改变既定的目的。

——[法] 卢梭

在一个崇高的目的的支持下，不停地工作。即使慢，也一定会获得成功。

——[美] 爱因斯坦

你消灭的每一种缺点都存在着与它对应的长处，两者相辅相成，生死与共。

——阿纳托尔·法朗士

一个人的特色就是他存在的价值，不要勉强自己去学别人，而要发挥自己的特长。这样不但自己觉得快乐，对社会人群也更容易有真正的贡献。

——[法] 罗曼·罗兰

第三篇

掌握密钥：在风平浪静中找寻美妙之处

面对生活中那些层出不穷的麻烦事，人们往往最容易发怒。所以，学会控制自己的情绪对我们来说特别重要。

发怒是最容易导致判断失误的。当怒火中烧时，我们的心跳就会加剧，即使再重要的事情也会被搁浅，待到平静下来后，往往又会改变先前的看法。可见，人在冲动的时候，是情绪在指挥着说话，而不是我们自己。

随时将自己调整在最佳状态

故事话题

一位应邀访美的女作家来到纽约街头，遇见一位卖鲜花的老太太。老太太衣衫褴褛，看上去有些疲惫的样子，但奇怪的是，她的脸上根本见不到一丝痛苦，而是始终挂着真诚而从容的微笑。女作家顿时被感动了，心中一阵激动，然后买了一朵鲜花。

“老人家，你看上去心情不错啊！”女作家说。

“是啊，为什么不呢？你看生活多么美好啊！”

“你承受烦恼的能力很强。”女作家又说。

“可能是吧。我每当有不顺心的事情，我都让自己静下来等待三天。因为耶稣在星期五被钉在十字架上的时候，那天是全世界最糟糕的一天，可三天之后就是复活节，是全世界最快乐的日子。因此，我在等待三天过后的日子，那时一切就恢复正常了。”

故事解析

“等待三天”，这是一颗多么普通而又不平凡的心。生活中，也许我们没有等到圣主复活，但是谁还会死死抱着烦恼不放呢?

人生在世，没有谁自始至终都能一帆风顺，任何人都会有不如意的时候，但在面对不幸与痛苦时，我们都要调整好自己的状态，在心中划定一个下限，让它们在坚忍中过期作废。

人生在世，不可能总是一马平川，也不会总是春风拂面，多半都是和艰难相随，与困苦为伴，在太多太多的不顺心、不如意甚至彷徨、茫然、沮丧面前，我们需要的是拥有一份平和的心态，一份宁静致远的超然和一颗永远积极等待的心。

故事穿越

2009 年 2 月 23 日，河北省石家庄某学院的一个名叫刘伟的大三学生，因为前途无望而自杀，她走得过于匆忙，以至于没有和家人打一声招呼，就决然地结束了自己的生命。在她走后，人们终于在她的一本密密麻麻近 10 万字的日记里寻找到了她的死亡真相。

在日记里，她说自己看不到生活的希望，感到自己很可悲，很孤独无助。想去招聘会找份工作，却发现人才济济，好的岗位如凤毛麟角；她想苦撑下去，却难以改变自己；想辍学，但是又碍于情面，所以只好选择逃避。

她觉得自己很没用，父母供自己上了那么多年学，都白费了。她思来想去都认为，在工作难找的情况下，上大学也没有得到自己想要的东西，非但如此，还感到离目标越来越远，不甘心却又毫无办法。

“我该怎么办？活着还有什么意义，谁能救救我……”刘伟在日记中悲痛欲绝，无数次地发出绝望的呐喊。最后，刘伟终于为自己做了一个了断。

故事微语

刘伟的自杀，令人扼腕长叹，究其原因，就是四个字——心理素质。作为一名即将毕业的大学生，只因为就业压力大而放弃生命，实在有些不值得。父母供其上了十几年学，绝不是为了换来这样消极的结果。

或许，这个日新月异的发展时代给了我们太多的压力，我们想要出人头地，却又无奈家中没钱，没有过硬的人际关系。不过一旦回想起上学时的艰苦岁月，这点儿事情又算得了什么呢？经历了10年寒窗，10年苦读，我们都要步入社会。父母养育我们长大，是需要我们回报的，刘伟却在没有尽到孝道时选择了另一个世界。

或许，天堂里的人真的感受不到什么是痛苦，什么是绝望，甚至有些人会下意识地认为：离开便是解脱。但这是一种自私的决定，我们每一个人的生命，都不仅属于自己，而是属于所有爱我们的人。所以，我们需要坚强起来，随时随地用一个良好的心态面对生活中的种种困难，并决心战胜它们，好好活下去。

心灵箴言

面对太阳，阴影将落在你的背后。

——[美] 惠特曼

人生应该如蜡烛一样，从顶燃到底，一直都是光明。

——萧楚女

能控制好自己情绪的人，比能拿下一座城池的将军更伟大。

——[法] 拿破仑

和最高尚的美德以及最凶恶的狗一样，最大的仇恨也是默不做声的。

——[美] 里克特

躲避危机不如接纳危机

故事话题

在美国亚拉巴马州，恩特曾颖镇的公共广场上，矗立着一座高大的纪念碑。在碑身的正面，有这样一行金色的大字：深深感谢象鼻虫在繁荣经济方面所做的贡献。

象鼻虫是北美洲地区棉花田里的一种害虫。那么为什么亚拉巴马人要为害虫立纪念碑呢？这要从一场灾难说起：

1910年，一场特大象鼻虫灾害，狂潮般地席卷了亚拉巴马州的棉花田。但凡虫子所到之处，棉花全部毁于一旦。那是一幅无比惊心动魄的惨相，棉农们欲哭无泪。

亚拉巴马州是美国主要的产棉区，那里的人世世代代种棉花。可现在，象鼻虫灾害令人心惊胆战，继续种棉花恐怕是不行的了，再者说，如果所有的土地都用来种棉花，不种别的，那么再爆发一次象鼻虫灾害，大家一年的收成就都付之东流了。

于是，灾后重建时，大家转换了思路，开始在棉花田里套种玉米、大豆、烟叶等农作物。尽管棉花田里还有象鼻虫，但根本不足为患，少量的农药就可以消灭它们了。棉花和其他农作物的长势都很好，结果，收成表明，种多种农作物的经济效益比单纯种棉花要高4倍。亚拉巴马州的经济从此走上了繁荣之路，人们的生活也越来越好。

亚拉巴马州的人们认为经济的繁荣应该归功于那场象鼻虫灾害，是象鼻虫使他们学会了在棉花田里套种别的农作物。为此，亚拉巴马州政府决定，在当初象鼻虫灾害的始发地建立一座纪念碑，以感谢象鼻虫在繁荣经济方面所作出的贡献。

故事解析

故事说明了一个道理：那就是很多时候，危机正意味着另一种转机，而非真的走投无路。暂时处于某种劣势状态，并不一定是碰到了烫手山芋。只要开发思维，转换观念，一样可以实现自己的人生价值，并能得到更大的发展。

追求成功的过程，是一个理性战胜本能的过程。接受危机，克服自身惰性、缺陷，挑战自我，消除误区的过程，是一个等待契机出现的过程。即便你举步维艰，感到自己一无是处，也要挖掘自己的潜力，不仅要发扬优势，还要敢于把自己放在劣势上。

人的一生总会有坎坷和不幸，只要有决心，不悲观失望，弱点也会转化为优势，你的事业就会向前发展；只要耐得住时间的煎熬，你终能发现生命的金矿；只要去奋斗，你的理想就一定能实现。

故事穿越

康妮是一名主持人，由于才思敏捷、口齿伶俐，深得观众的喜爱。出道仅仅两年，就成为了电视台的当家花旦。亲朋同事都对她十分看好，一度认为“金话筒奖”对她来说已是囊中之物。却不料她因屡次拒绝爱意，惹火了她的顶头上司——乔治。

乔治早已垂涎她的美貌，曾多次轻薄于她，但都被强烈拒绝了。终于有一天，乔治恶狠狠地对她说：“我要让你跪下来求我。”

接着，乔治在部门会议上宣布，由于观众不满，康妮将不再担任节目主持人，改播娱乐新闻。所有人都为之震惊，她也知道这是乔治的阴谋，但她没有低头，而是十分平静地接受了安排。

为了把工作做好，她深入第一线，采写了很多名人稿件。再加上新颖的播报风格，节目的收视率节节攀升，她也因此受到了总裁的特别接见。两个月后，在观众的强烈要求下，她又重新回到了节目主持人的位置，并被当选为英国最受欢迎的节目主持人。

乔治心有不甘，于是又出了一招，以她不是主持人专业出身为由，把她调到了记者部，专门跑新闻。亲朋好友都为她抱不平，她也觉得很气愤，但转念一想，还是强忍了下来。

缺少她主持的节目，收视率一度大跌，于是台长坐不住了，专程给乔治施压，最后，康妮还是回到了原来的岗位上。

一年后，乔治成为了电视台第一个被裁减的员工。而康妮·胡克，却很荣幸地拿到了“金话筒奖”，成为了英国著名节目主持人。

故事微语

生活中看到有些人，因为屡屡受挫，所以在逆境面前选择驻足不前、观望等待，认为这样就可以避免进一步的危机，这是一种大的趋势。但是，我们也不可能一直无所事事地等待下去，机遇是不会主动找上门来的。

遇到危机，我们应该审时度势，未雨绸缪，提早谋划，积极应对。在对形势做出谨慎的分析判断后，要积极部署，采取应对措施，正确处理“危”与“机”的关系。在应对“危”上，要早谋划，制定措施，把困难估计足。同时坚定发展的信心。

有句话说得好：“逆境，是上帝帮你淘汰竞争的地方。”任何我们有可能遇到的危机都是这样的，往往只有那些善于谋划的人，能抓住这个千载难逢的好机会，脱颖而出。

心灵箴言

必须体验过痛苦，才能体会到生的快乐。

——[法] 大仲马

最困难的时候，也就是离成功不远的时候。

——[法] 拿破仑

有困难时坏事也是好事，困难会逼着人想办法，困难环境能锻炼出人才来。

——徐特立

每个人心中都应有两盏灯，一盏是希望的灯光，一盏是勇气的灯光。有了这两盏灯光，我们就不怕海上的黑暗和风涛的险恶了。

——[法] 罗曼·罗兰

对不良情绪进行自我治愈

故事话题

美国有一位名叫阿扎洛夫的作家，由于他很努力，也很勤奋，致使他的前半生有着辉煌的成就。然而就在他的后半生，由于他跟故乡小城里一个名叫马利丁的文坛小丑较上了劲，并将其视为竞争对手，从而使他后半生与前半生的辉煌无缘。

马利丁为了抬高自己的身价，实现名利双赢，就以卑鄙的手段不断地在报刊上制造一些低劣的花边新闻，并向阿扎洛夫叫板。凭着阿扎洛夫的人品和地位，他本不该去理会这种“跳梁小丑”式的人物，但不幸的是，他被这个小丑激怒了，并丧失理智地与马利丁在小报上展开了长达数年的论战。

结果，这个马利丁靠着阿扎洛夫既得到了名又得到了利，而阿扎洛夫则在无端地空耗青春与生命的同时，成了世人所耻笑的对象，从此一蹶不振，郁郁而终。

故事解析

即便是无可否认的事实，也仍然会有许多人无法控制自身的情绪，总是很容易被一些小人的挑衅激怒。下一次发怒之前应该先想一下，是否真的有必要将宝贵的时间用在这种人身上，是否一定要降低自己的格调与小人交手，即便是最终自己赢了，那又有何光彩可言。跟小人“交火”，只会给自己带来无尽的烦恼，因此，没有必要同他们斤斤计较，不良的情绪要靠自己治愈。

要知道，情绪是罪恶的深渊，更不要主动和实力比自己强的对手较量。不要相信“弱可以胜强”，独善其身才是当务之急。如果你一定要在没有把握的前提下以卵击石，那么结果或许只会是自取其辱。

面对人事纷争，只凭一时冲动行事，那是不成熟的表现。在经过历练之后，我们应当深刻领会有所为、有所不为的道理，在等待中，充分运用智慧，不急不躁，不温不火，选好自己的对手，从而把握最有力的成长契机，实现人生的每一次飞跃。

故事穿越

古时候的日本，有一个名叫信重的武士。他对天堂地狱之说存有疑惑，故而向白隐禅师请教：“真的有天堂和地狱吗？”

白隐禅师问他：“你是做什么的？”

“我是一名武士。”信重回答道，言下颇为自傲。

“你是一名武士？”白隐禅师叫道，“什么样的主人会要你做他的门客？看你的面孔，犹如乞丐。”

信重听了愤怒至极，于是按住剑柄，作势欲拔。

“哦，你有一把剑，但你的武器也太钝了，根本砍不下我的脑袋。”白隐禅师毫不在意地说。

信重忍无可忍，当真把剑拔了出来。

“地狱之门由此打开。”白隐禅师缓缓地说道。

信重心中一震，顿有所悟，接着，收起剑向白隐禅师深深鞠了一躬。

“天堂之门由此敞开。”白隐禅师欣然道。

故事微语

愤怒常使人失去理智，失去了理智，人也就无所谓人，而与地狱之魔无异了。冲动却仍保持理智，虽成不了天堂的神，却总还是个人。不过，天堂与地狱往往只有一线之隔。只有提高自身修养，把握住自己的情绪与性格特征，方能踏上通向天堂之路。

上帝要毁灭一个人，必先使其疯狂。人的情绪分为积极跟消极两种，我们需要接受自己积极的一面，拒绝消极的一面，并提醒自己，这些情绪足以导致我们人生计划的成败。弱者任情绪控制行为，强者让行为控制情

绪。我们所要做的，是不能让消极的心境左右我们的行为。

人在愤怒的瞬间，智商为零。不能控制自己情绪的人，犹如大海上被狂风巨浪凌辱的一叶扁舟，完全丧失了自我。而当你在其中能驾驭自如的时候，就像一位经验丰富的船长，完全不会去理会它，自然会变得柔和。

古人说“人有悲欢离合，月有阴晴圆缺”。其中“悲欢”二字，简单说即我们的情绪，而一个人的优雅关键在于控制自己的情绪。明代的吕坤说：“天地万物之理，皆始于从容而卒于急促。”又说，“事从容则有余味，人从容则有余年。”从容淡定，除了有助于事业的成功，更重要的还在于体现人的境界、胸怀，只有真正成熟的人才能做到。

从容，既是处世之道，又是养生之道。对于自己变化多端的情绪，我们不要听之任之，因为只有积极主动地改变自我，控制好自己的情绪，才能掌握好自己人生的命运。

心灵箴言

真正的管理人是去管理人的情绪。

——顾修全

你的房子首先要足够坚固，然后才可以装修。

——陈天桥

一个人除非先控制了自己，否则他将无法控制别人。

——[法] 拿破仑

一个人如果能够控制自己的情绪、欲望和恐惧，那他就胜过国王。

——[英] 约翰·弥尔顿

在静好岁月中，不必事必躬亲

故事话题

LD 公司是一家在国际上经营得非常成功的公司，这家公司的核心产品的市场占有率在各个核心市场都是数一数二的。

这家公司在中国内地的高管都是从香港过来的，他们的整体风格非常香港化。但是，作为消费品公司，在香港的运作模式和在内地的运作模式有很大区别。香港的渠道特点非常清晰和简单，属于典型的城市市场；但是内地市场不同，渠道非常复杂，区域又大，单店产出和单人产出都无法和香港比较，因此不可避免需要一定的人海战术。如果说事必躬亲的模式在香港还可以勉强奏效，在大陆几乎就是要累垮了。

LD 的总经理海伦是一个做事非常细致的人，她需要知道所有事情的细节。每招聘一个职员级别的员工都必须要海伦来过目，临时工的编制增加都需要海伦来批准。这样就产生了一个问题，海伦几乎晕头转向，但下面的效率非常低。而且，管理层、尤其是内地的管理层非常不爽。

实际上，正常的面试流程完全不需要这么繁琐，人力资源部门只要有一个人参与面试，然后给出人选；大区经理作为直接上司面试后推荐给自己的上司销售总监，总共面试只要三个人就行。但是，由于海伦做事无比仔细，经过整整 6 个月的折腾，这个职位终于定下了人选。这个职位前后空缺了接近 4 个月，往最少里说 LD 公司要损失超过五百万的生意额。

获胜的候选人杰夫在上班大约一年后，决定辞职。询问杰夫原因，杰夫是这么说的：他最不能接受 LD 的是效率问题。这里只能当作一个中转站，干一天算一天，只要有海伦在，只要她这种用人方式不变，整个氛围就变不了。这种氛围下，每个人都很累，都在假装干活，但实际上惊人的浪费每天都在发生。

故事解析

诚然，领导“事必躬亲”，所处理的事情会比下属处理得更周详、更完善，但从集团整个大局来说，其负影响是非常巨大的。

领导“事必躬亲”，不利于集团的效益管理。领导大事小事都过问，势必会造成中、下层领导不敢行使、或者行使不好本属于其行使的行政职权，造成事无大小都一律一一往上呈报，这对于企业来说，都将蒙受巨大的损失，特别是全球经济一体化的今天，效益管理跟不上，整体的竞争力必将大大地被削弱。

领导“事必躬亲”，必然会阻碍甚至扼杀下属的创造力。领导大事小事都过问，下属的想象力和创造力无疑会被扼杀。在欧美等发达国家，团体是把充分发挥个体的想象力和创造力放在首位的。

故事穿越

《三国志·诸葛亮传》开篇介绍：诸葛亮字孔明，琅琊阳都人，汉司隶校尉诸葛丰后也。父珪，字君贡，汉末为泰山郡丞。亮早孤，从父玄为袁术所署豫章太守，玄将亮及弟均之官。会汉朝更选朱皓代玄。玄素与荆州牧刘表有旧，往依之。玄卒，亮躬耕陇亩，好为《梁父吟》。身长八尺，每自比于管仲、乐毅，时人莫之许也。惟博陵崔州平、颍川徐庶元直与亮友善，谓为信然。

刘备在新野的时候，经徐庶介绍，“三顾草庐”，请出诸葛亮辅佐自己。对此，《魏略》有不同的说法，认为不是刘备三顾草庐请诸葛亮，而是诸葛亮知道“刘表性缓，不晓军事”，才主动“北行见备”。《九州春秋》也持同样的说法。对此，为《三国志》作注的裴松之不同意，他依据诸葛亮《出师表》的“先帝不以臣卑鄙，猥自枉屈，三顾臣于草庐之中，咨臣以当世之事”的说法，认为“则非亮先诣备，明矣。”

建安十六年，刘备占领成都，“以亮为军师将军，署左将军府事。先主外出，亮常镇守成都。”

刘备在建安二十六年称帝后，策诸葛亮为丞相录尚书事，假节。张飞死后，领司隶校尉。

章武三年春，刘备病重，诏敕后主刘禅曰：“汝与丞相从事，事之如父。”建兴元年，封诸葛亮武乡侯，开府治事。后又领益州牧。

建兴十二年秋八月二十三日，诸葛亮在五丈原卒于伐魏军中，时年五十四岁。谥为忠武侯。

故事微语

观诸葛亮一生，可谓一完人、一能人、一奇人、一神人。既出仕为人臣，对刘备父子忠贞不贰，治国治军兢兢业业、呕心沥血，堪称一完人；治理弱小蜀国保其平安，统帅弱小军队屡斗强敌，堪称一能人；涉猎广泛，博学多才，不论政治、军事、文化乃至于天文地理，似无所不知无所不晓，堪称一奇人。

也可以说，诸葛亮是中国历史上忠臣的代表、智慧的化身、勤奋的典范。其人其事，无人不知，无人不晓，享誉中外，有口皆碑。有多少志士仁人，视之为神圣，争相效仿。诸葛亮一句“鞠躬尽瘁，死而后已”，已成为不朽的警句格言。

其精神固然令人钦佩，然而他的过早离世，也正是因为太多事情放不下，事必躬亲，时间久了，必然对自身健康造成一定不可挽回的伤害。

诸葛亮的故事提醒世人，用负责的态度面对自己的天职是值得学习的，但是，责任心也要建立在保护好自己的前提之下，以确保今后用更多的时间跟精力去努力奋进。

适当地取舍，能让心灵得到宽慰，而当放不放，必有大患。轻则染病缠身，重则连本丧仓。比如居里夫人把得到诺贝尔奖章给孩子当玩具玩，别人很不理解。居里夫人说，那都是身外之物，有啥放不下的？只有把生活中的一切东西都能放下，只把健康当成是自己的，才能迈出洒脱的步伐，活出自我的风采。

心灵箴言

领导干部应该是真正能吃苦的人。

——[日] 士光敏夫

骑马坐在后面的人，无须掌握方向。

——[英] 托·富勒

真正的领导者不是要事必躬亲，而在于他要指出路来。

——[法] 米勒

一位最佳领导者，是一位知人善任者，而在下属甘心从事其职守时，领导要有自我约束力量，而不插手干涉他们。

——[美] 罗斯福

在守候中最需要积极地生活

故事话题

有这么一个故事：

一位老太太有两个儿子，大儿子卖伞，二儿子晒盐。为了两个儿子，老太太几乎天天忧虑重重。

每逢晴天，老太太便念叨：“这大晴天，伞可不好卖哟。”每逢阴天，老太太嘀咕：“这阴天下雨的，盐可咋晒啊？”如此忧心忡忡，老太太竟忧虑成疾。两个儿子不知如何是好。

幸访得一智者，为老太太想出这么一招：“晴天好晒盐，您该为小儿子高兴；阴天好卖伞，您该为大儿子高兴。如此转念一想，保您忧虑全消。”老太太果真无忧无虑心宽体健起来。

故事解析

生活中许多人，在漫长的人生等待中，耗去了他们已有的耐心，与此同时，也开始使他们心浮气躁，暗自气馁。

对于每个人来说，等待的过程中，随时都可能遭遇各种危机。除了面对生老病死之外，还要面对吵闹分离等，这些烦琐之事都会让我们压力倍增，从而影响我们的生活和工作。忧虑产生消极情绪，消极使人丧失斗志，实不可取。

如果无论身处何种等待的途中都能以积极的心态来思考问题，来看待人生的变故，那么，你就会收获内在的平安与喜乐，你的人生便会更加地平稳。心理专家忠告人们：“当人们在审察、思考、评价客观事物或情境时，要注意从多方面看待问题，如果从一个角度来看，可能会引起消极的情绪体验；假若换个角度来看，可能就会发现它的积极意义，从而使消极的情绪转化为积极的情绪。”

故事穿越

美国医生做过这样一个实验：

他们让患者服用安慰剂，安慰剂呈粉状，是用水和糖加上某种色料配制的。性格乐观的患者相信药力，治疗效果就显著。如果医生自己也确信这个处方，疗效就更为显著了。性格悲观的人，无疑是以悲剧收场。

一位铁路工人意外地被锁在一个冷冻车厢里，他清楚地意识到他是在冷冻车厢里，如果出不去，就会冻死。结果不到20个小时，冷冻车厢被打开时工人已死了，可是，仔细检查了车厢，冷气开关并没有打开。

那位工人确实死了，因为他确信，在冷冻的情况下是不能活命的。所以，在极端的情况下，极度悲观会导致死亡。一位性格乐观的人总是假设自己是成功的，就是说，他在行动之前，已经有了85%的成功把握。而性格悲观的人在行动之前，却已经确认自己是无可挽救了。

故事微语

在漫长的人生等待中,人们难免遇到各种各样的挫折，性格悲观的人，往往就来自于对环境驾驭的一种挫折感。

所谓“挫折”，就是人在某种动机下所要达到的目标受到阻碍，因阻碍因素无法克服而滋生出的紧张焦虑状态与情绪反应。造成挫折情境的因素有很多，导致挫折情境的原因轻重、程度各不相同，不同的个体或群体对挫折情境的反应也有很大差异，这三者构成了挫折情境圈的基本运行机制。

每个人都应该克服悲观因素，以一种轻松的心态去看那些所谓的能让我们产生忧虑的事情。因为缺乏积极的心态，会使我们放大了那些烦恼。学会平静地接受，弄清事情的来龙去脉，用客观的态度去分析，你会发现，其实问题原本没有想象的那么困难。

如果你总是遇到事情就发愁，就算你走了好运，也不会给你带来快乐。生活中无论遇到什么样的困难，都要让自己享受生活中的快乐。

心灵箴言

乌云后面依然是灿烂的晴天。

——[美] 朗弗罗

生活，就应当努力使之美好起来。

——[俄] 托尔斯泰

永远以积极乐观的心态去拓展自己和身外的世界。

——曾宪梓

我们曾经为欢乐而斗争，我们将要为欢乐而死。因此，悲哀永远不要同我们的名字连在一起。

——[捷克] 尤利乌斯·伏契克

人生的道路都是由心来描绘的。所以,无论自己处于多么严酷的境遇之中,心头都不应为悲观的思想所萦绕。

——[日] 稻盛和夫

第四篇

清醒面对：不该等待时，请积极行动起来

英国有句谚语：“时间是金钱。”当今社会发展速度越来越快，人们对生活水平的要求也越来越高，相应的生活节奏也在不断加快。争时间、抢速度，已成为这个大环境中的普遍现象。

对于很多人来说，平静如水的日子却是时刻在超速运转着的，仿佛铆足了劲在跟时间作斗争，恨不得把 24 小时当成 48 小时来用。所以，在面对人生当中诸多个不尽如人意的等待时，要具备的不只有耐心，还要有上进心，该果断时就果断，该镇定时需镇定。

做决断时不要一味随缘

故事话题

有位印度哲学家，他饱读经书，富有才情，获得了很多女人的迷恋。一天，一个女子敲开他的家门，说：“让我做你的妻子吧，错过我，你将再也找不到比我更爱你的女人了！”哲学家虽然也很喜欢她，却回答说：“让我考虑考虑吧。”

哲学家用一贯研究学问的精神，将结婚和不结婚的好坏所在，分别罗列下来，却发现两种选择好坏均等，真不知该怎么办。于是，他陷入长期的苦恼之中，无论又找出了什么新的理由，都只是徒增选择的困难。

最后，他得出一个结论：人若在面临抉择而无法取舍的时候，应该选择自己尚未经历过的那一个。不结婚的处境他心里是清楚的，但结婚会是个怎样的情况，他还不知道。所以，他认为该答应那个女人的央求。

后来，哲学家来到女人的家中，问女人的父亲：“您女儿呢？请您告诉她，我考虑清楚了，我决定娶她为妻。”可谁知女人的父亲冷漠地回答：“你来晚了 10 年，我女儿现在已经是 3 个孩子的妈了。”

哲学家听了，几乎崩溃。他万万没有想到，向来引以为傲的哲学头脑，最后换来的竟然是一场悔恨。而后两年，哲学家抑郁成疾。临终，他将自己所有的著作丢入火堆，只留下一句对人生的批注——如果将人生一分为二，那么我们前半段人生哲学应该是“不犹豫”，而后半段的人生哲学应该是“不后悔”。

故事解析

或许有时，你的身后是泥潭，现实是困境，可你却情愿踯躅原地，你似乎情愿瘫倒在记忆的温床上，仿佛往前走一步你就失去往日的温存。可过去的，终将成为过去，不会因谁不舍而停留。

有时，在你面前的，是有形或无形的诱惑。一生中，你会经历无数这样的场面，那么你是否尝试过，尝试过之后又是否能跨越过去，特别是当你面对显而易见的诱惑时，又是否在犹豫之间被一次次俘获与嘲弄，这是个值得思考的问题。

当你来到一个十字路口，需要不断地鼓励自己。或许你不会每次都成功，但至少你应该去尝试。走过去，至少这次，你是骄傲的胜利者；走过去，诱惑就无法张牙舞爪而只会耷拉着头悻悻然呆立一旁。不断地走过去，你的生命就会到达一个让自己感动与快乐的芳草地。

很多时候需要我们走过去，不犹豫，就算回头看了看，脚步仍要向前走。走过了这一站，你就到达了新境地，迎接你的将是更美的风光。走过去，前面是片海，走过去，前面是片天。让昨日在你身后枯萎，让诱惑在你身后丧气，而你，一脸灿烂，一路高歌，大步流星迈向一片艳阳。

故事穿越

一位智商一流、持有大学文凭的才子决心“下海”做生意。

有朋友建议他炒股票，他豪情冲天。但他去办股东卡时，犹豫道：“炒股有风险啊，等等看。”后来又有朋友建议他到夜校兼职讲课，他很有兴趣。但快到上课了，他又犹豫了：“讲一堂课才 20 块钱，没有什么意思。”他很有天分，却一直在犹豫中度过。时间一晃就是两三年，他一直没有“下”过海，碌碌无为。

一天，这位“犹豫先生”到乡间探亲，路过一片苹果园，望见的都是长势喜人的苹果树。他禁不住感叹道：“上帝赐予了这个主人一块多么肥沃的土地啊。”种树人一听，对他说：“那你就来看看上帝怎样在这里耕耘吧。”

故事微语

世界上有很多人光说不做，总在犹豫；有不少人只做不说，总在耕耘。成功与收获总是光顾有了成功的方法，并且付诸于行动的人，过分谨慎和粗心大意一样糟糕。

如果你希望别人对你有信心，你就必须用令人信赖的方式表现自己。过度慎重而不敢尝试任何新的事物，对你的成就所造成的伤害，就像不经任何考虑就执行突发的想法一样严重。

没游过泳的人站在水边，没跳过伞的人站在机舱门口，都是越想越害怕，人处于不利境地时也是这样。治疗恐惧的办法就是行动，毫不犹豫地去做。再聪明的人，也要有积极的行动。

在人生中，思前想后，犹豫不决固然可以免去一些做错事的可能，但更大的可能是会失去更多成功的机遇。

心灵箴言

自信是成功的第一秘诀。

——[美] 爱迪生

决心即力量，信心即成功。

——[俄] 托尔斯泰

凡事皆有终结，因此，耐心是赢得成功的一种手段。

——[俄] 高尔基

首先细心思考，然后果断决定，最后坚韧不拔地去做。

——[英] 培根

紧握如流水般的珍贵时光

故事话题

杜玉玲由于身患癌症，初中毕业后就被迫辍学。身子虚弱的她，起初只能做不太重的活儿，待身体好些，她去饭店做了服务员。单位包吃住，月收入 400 元，每三个月还有一次化疗。她渐渐感受到了生命的可贵和时间的紧迫，于是捡起了书本，开始学习。尽管化疗影响了她的记忆力，但她依然坚持。

出院后的两年，她的身体状况渐渐有了好转，化疗的间隔也由三个月一次延长到半年一次。一年后，她辞去了服务员的工作，在某房地产公司做了一名文员。同事们大都是大专文凭，这让杜玉玲感到了压力，于是学习工作之余，她钻研起了电脑。

经过脑力财力的双重努力，半年后，杜玉玲成了当时单位里唯一能够熟练操作电脑的员工，月工资也升到了 1200 元。不久，公司里的办公室副主任因故调离，杜玉玲理所当然地接任了这个职务，月工资也涨到了 2500 元，她成了一位名副其实的白领。可她还不满足，她要参加自考，两年内拿到大专文凭。结果可想而知，她如愿以偿。

后来，她又顺利拿到了本科文凭，工资也因此每月增加了 1000 元。公司老总还告知她，英国威尔士大学和南方科技大学正在联合招收在职的工商管理硕士，公司正缺少高素质的管理人才，准备让她去报名。

喜欢挑战的杜玉玲动了心，可是每年 5 万元的学费太过高昂，杜玉玲没有支付能力，却

又不甘心，只好与公司领导协商。在得知情况后，领导表示非常赞赏她，愿意在她学成回来之后，承担一切费用。就这样，杜玉玲边工作边开始了工商管理硕士的学习。同时，她也没有忽略自己的身体状况。

后来，医生告诉她，她已经完全康复了。更好的消息是，经过两年的学习，杜玉玲完成了工商管理硕士的全部课程，毕业在即时，公司提拔她为部门经理，年薪 10 万元。

故事解析

杜玉玲不仅获得了生命的重生，她未来的命运和人生也绽放出了鲜活而光明的色彩。这个故事告诉我们：一个人无论处在怎样的逆境里，只要不放弃努力，脚踏实地向着目标前进，总会创造出生命和人生的奇迹。

把生命中的每一天都当成最后一天，不断地给自己树立新的目标，促进自己的人生走上更高的台阶，这种自强不息的精神会激发出我们的生命能量，从而在漫长的人生等待中，实现一个又一个自我超越。

把握住了今天，我们就要不断超越自我，征服自我，去为未来打拼。曾有一句话这样说：“自己把自己说服了，是一种理智的胜利；自己把自己感动了，是一种心灵的升华；自己把自己征服了，是一种人生的成熟。”这句话虽短，却蕴涵了丰富的人生哲理。人最大的敌人不是竞争对手，而是自己。

人的一生，是一个自我斗争、超越自我的过程。可见，与其在漫长的人生等待中得过且过，不如珍惜时间，不断地挑战自我，从而实现自我的人生价值。有价值的一生其实就是一个不断珍惜时间，从而实现自我超越的过程。

故事穿越

爱迪生一生只上过3个月的小学，他的学问多半是靠母亲的教导和自修得来的。

爱迪生从小就对事物有着强烈的好奇心，而且喜欢亲自去试验一下，直到明白了其中的道理为止。长大后，他就根据自己这方面的兴趣，一心一意做研究和发明的工作。

他在新泽西州建立了一个实验室，一生共发明了电灯、电报机、留声机、电影机、磁力析矿机、压碎机等等总计两千余种东西。爱迪生的强烈研究精神，使他对改进人类的生活方式，作出了重大的贡献。他常对助手说的一句话就是："最大的浪费莫过于浪费时间了。人生很短暂，要多想办法，用极少的时间办更多的事情。"

一天，爱迪生在实验室里工作，他递给助手一个没上灯口的空玻璃灯泡，说："你量量灯泡的容量。"说完便低头继续工作。过了好半天都没听到助手的回答，转眼一看，只见助手拿着软尺在测量灯泡的周长、斜度，并拿了测得的数字伏在桌上计算。

他说："时间，时间，怎么费那么多的时间呢？"爱迪生走过来，拿起那个空灯泡，向里面斟满了水，交给助手，说："里面的水倒在量杯里，马上告诉我它的容量。”助手立刻读出了数字。

爱迪生说：“这是多么容易的测量方法啊，它又准确，又节省时间，你怎么想不到呢？还去算，那岂不是白白地浪费时间吗？”助手的脸红了。

爱迪生喃喃地说：“人生太短暂了，太短暂了，要节省时间，多做事情啊。”

故事微语

富兰克林曾经说过一句名言：“你热爱生命吗？那么，别浪费时间，因为时间是组成生命的材料。”在有限的生命中，我们对待时间的方式往往会决定我们生命的质量。以什么样的态度去对待时间，我们就会拥有一个什么样的未来。只有这样，我们才能走上正确的道路，也只有这样，我们才能在意志与梦想的指引下，熬过漫长的人生等待，最终驶向成功的彼岸。

我们跟爱迪生拥有同样多的时间，他发明了电灯，我们却不具备发明创造的能力；我们的一天，和莎士比亚的一天，同样是24小时，他完成了《哈姆雷特》，我们却只是碌碌无为，甚至仅仅只是吃饱穿暖，

维持温饱而已。

许多人总是抱怨时间不够用，其实根本问题，只是他们根本不会珍惜时间，不懂得有效地利用这一去不复返的资源。史学家司马迁曾说过："人固有一死，或重于泰山，或轻于鸿毛。"在这里，其实"死"也就是"生"。如何利用有限的时间，决定了我们的生命是否丰富，是否有价值。

心灵箴言

最严重的浪费就是时间的浪费。

——[法] 布封

少年易学老难成，一寸光阴不可轻。

——朱熹

三更灯火五更鸡，正是男儿读书时，黑发不知勤学早，白发方悔读书迟。

——颜真卿

时间的步伐有三种：未来姗姗来迟，现在像箭一样飞逝，过去永远静立不动。

——[德] 席勒

世界上最快而又最慢，最长而又最短，最平凡而又最珍贵，最容易被人忽视，而又最令人后悔的就是时间。

——[苏联] 高尔基

不要把学习放在明天

故事话题

我国著名书法家王羲之，年少时就懂得珍惜时间，好好用功的道理。

12 岁那年，王羲之在父亲的枕头底下发现藏有前人写的《笔论》，便偷偷地拿来读，越读兴致越浓。

一次，不巧被父亲看到了，父亲好奇地问他在读什么书，王羲之笑而不语。母亲走过去一看，才知道他读的是《笔论》，就对他说：“你现在年纪还小，读《笔论》这样的书，恐怕还读不懂吧。”父亲听了也说：“不要性急，等你长大了，我再慢慢教你。”

可是王羲之却说：“学习是不能等待的，像走路一样，不停地走，才能前进。等我长大了，再教那就太晚了。”

在这种精神的支配下，王羲之在学业上突飞猛进，再加上刻苦练习，他的书法艺术终于达到了炉火纯青的境界，被后人尊为“书圣”。

故事解析

有些人总觉得时间尚早，自己日后会有时间学习。殊不知，凡事这样等下去，终将一事无成。张爱玲曾说过一句话：“出名要趁早啊，来得太晚的话，快乐也不那么痛快。”的确如此，掌握真才实学也应趁早，来的太晚的话，用途也就不会那么大了。

在当今现实的社会环境下，没有学历会寸步难行。求职、应聘、职称评定、资格报考、单位内部加薪或晋级、出国移民、留学等都需要学历来支撑，即使你有能力而没有学历也只能被拒之门外。因此，我们要抓紧时间学习，千万不能找种种借口坐等下去，若是那样，你迟早会面临被淘汰的命运。

故事穿越

鲁迅原名周树人，是近代一位出色的文学家。鲁迅的成功，有一个重要的秘诀，就是珍惜时间。

鲁迅 12 岁在绍兴城读私塾时，父亲正患着重病，两个弟弟年纪尚幼，鲁迅不仅经常上当铺，跑药店，还得帮助母亲做家务。为了不影响学业，他必须作好精确的时间安排。此后，他几乎每天都在挤时间。他说过："时间，就像海绵里的水，只要你挤，总是有的。"

鲁迅读书的兴趣十分广泛，还喜欢写作。他对于民间艺术，特别是传说、绘画，也深切爱好。也正因为他广泛涉猎，多方面学习，所以时间对他来说，实在非常重要。他一生多病，工作条件和生活环境都不好，但他每天都要工作到深夜才肯罢休。

在鲁迅的眼中，时间就是生命。倘若无端的空耗别人的时间，其实是无异于谋财害命的。因此，鲁迅最讨厌那些成天东家跑跑，西家坐坐，说长道短的人。在他忙于工作的时候，如果有人来找他聊天或闲扯，即使是很要好的朋友，他也会毫不客气地对人家说："唉，你又来了，就没有别的事好做吗？"

故事微语

世界上最快而又最慢，最长而又最短，最平凡而又最珍贵，最易被忽视而又令人后悔的，就是时间。上天赐给我们每个人的最丰盛的礼物就是时间，因为无论多么富裕的人都无法用金钱买到更多的时间。一句话就体现了用金钱是买不到时间的，那就是“一寸光阴一寸金，寸金难买寸光阴。”而再怎么贫穷的人一天也有24小时的时间供他使用。

时间是我们所拥有的最宝贵的东西，我们能够挽留朋友，却不能够挽留时间。正所谓“时间一去不复返”，时间就像那滚滚东流的江水一样一去不回头，所以我们没有理由不珍惜时间。而珍惜时间的最好办法就是，在决定如何使用时间之前，先清楚自己的人生目标。只有这样，我们才会意识到自己做过什么，这一刻正在做什么，以及下一刻将要做什么，与此同时，我们也将会知道如何来对待别人的时间。

时间是由分秒积成的，善于利用时间的人，才会做出更大的成绩来，而不会利用时间的人，会抱怨时间不够。有人说过，时间可以获得金钱，金钱却买不到时间；也有人说过，时间不能增添一个人的寿命，然而珍惜光阴可使生命变得更有价值。

心灵箴言

莫等闲，白了少年头，空悲切。

——岳飞

一年之计在于春，一日之计在于晨 。

——萧绎

时间是审查一切罪犯的最老练的法官。

——[英] 莎士比亚

在今天和明天之间，有一段很长的时间；趁你还有精神的时候，学习迅速办事。

——[德] 歌德

挣脱出使你受困的逆境

故事话题

奥瑞安西于1985年于澳大利亚出生，父亲是一名吉他厂工人。奥瑞安西小时候，经常跟着父亲到工厂里去玩。她很机灵，时常帮父亲干一些杂活，这种情况一直延续到她读中学，所以，大伙都亲切地称她为“小学徒”。

小奥瑞安西对吉他的兴趣，在于吉他弹奏出来的旋律上。儿时的耳濡目染使得小奥瑞安西对吉他日益着迷，并开始梦想着成为一名专业吉他手。但这没有得到大家的认同，她跟她的父亲甚至遭到嘲笑，因为澳大利亚的民间观念并不主张女性上舞台“抛头露面”。这让她的父亲觉得丢尽脸面，于是，不准她再玩吉他，甚至不再允许奥瑞安西到工厂里来玩。

他人的嘲笑跟父亲的反对，没有改变奥瑞安西对吉他的热爱。于是，奥瑞安西悄悄存起一些零花钱，购买了一把吉他和许多吉他书。她相信凭着自己的努力，在这个几乎是男人占统治地位的吉他领域，一样可以走出一条自己的路。

后来，即使她的吉他弹奏水平在不断提高，也依旧不被众人看好，哪怕是最要好的老师和同学。有段时间，“奥瑞安西弹吉他”成为了学校里广为流传的一个代名词，专用来形容和讽刺那些做不该做的事情的人。这让奥瑞安西很不自在，但是在这种四面受人嘲笑的情境下，她毅然选择了坚强、勇敢和自信。她相信努力不会白费，总有一天会得到认可。

于是，她尽量克制住自己不被那些嘲笑所影响，还私下里研究起了各种类型的音乐，从乡村音乐到蓝调、从摇滚到爵士……渐渐地，她开始尝试写歌，在写歌时，她不会刻意地采用一种固定的风格，想到哪儿就写到哪儿，而正是这种灵活多变，却使她逐渐形成了一种独特的没有风格的风格。

后来，她的才华终于打动了一些人，先后受到了澳洲歌星普莱斯和史蒂夫的邀请，一同参加巡回演出，并在 2007 年受到了美国歌星艾瑞克的邀请，参加了由他组建的“吉他盛宴”活动。一年后，迈克尔·杰克逊的音乐总监比尔登给她发来了一封电子邮件，让奥瑞安西去为迈克尔·杰克逊的世界巡回演唱会做试演，这让奥瑞安西无比兴奋。

她先是用自己的音乐实力得到了迈克尔·比尔登的认可，当她对着迈克尔·杰克逊本人弹奏结束后，迈克尔·杰克逊足足愣了半分钟，在那半分钟里，奥瑞安西的心都提到了嗓子眼，半分钟后，迈克尔·杰克逊用持续的掌声给了她一个明确的答案。

故事解析

奥瑞安西的成功经历告诉我们：正是由于成功的过程太漫长，太艰难，所以有些人会稍遇挫折就产生倦怠心理，最终半途而废。直到后来他们才发现，如果自己能再坚持一下，学会在等待中使自己逆流成长，或许

就会得到不一样的结果。

没有坚定毅力的人，碰到困境，往往就会半途而废。他们没有足够的信心，以至于对期待的事情总是抱有一丝怀疑。成功和失败的分水岭，就在于成功犹如爬山，如果在接近最高峰时不能坚持最后那点儿脚劲，挣扎那么一下，牙关咬紧一些，是爬不到顶峰的。

人人都有压力，都会遇到难题，关键是看自己如何对待它们。既然躲不了，就坦然地去面对，不管困难多大，压力多重，都要朝前走。要知道，人生是一个坚持的过程，最幸福的事情是享受你坚持的过程。茫然是为了解释更多的困惑，痛苦是为了得到更多的快乐，彷徨是为了更好地坚持，在逆境中学会成长，坚强地等待下去才是我们最该去做的事。

故事穿越

一次，某人乘坐的公交车在一个长满鲜花的乡村路口抛锚了。那时正值午后，天气异常闷热。在这种情况下无法前进，真是令人着急。可是，

他当时一看情形，就知道急也没有用处，反正得慢慢等车子修复才可以走。于是，他问了问司机，知道要3、4个小时才可以修好，于是就独自走到附近的一条小河里游泳去了。

河边风景宜人，凉风习习，在河水中畅游之后，暑气全消。等他游泳尽兴回来，车子已修好待发。

之后，他逢人便说："那真是一次令人难忘的愉快之旅！"随遇而安的妙处由此可见一斑。与他截然相反的是，当车坏了之后，同车的人多一面抱怨，一面着急，有的甚至开始咒骂。想必他们的那次旅行也一定是一次最痛苦、最烦恼的。

故事微语

只有学会随遇而安，你才能于不顺中找到一帖抚慰心灵的良药，让你变得豁达大度，知道凡事只有耐心等待才能水到渠成。

随遇而安并不是对命运之神的逆来顺受，而是对人生境遇的客观冷静的面对。对于生活，坚强和随遇而安同样重要。如果我们要同生活的法则对抗，一味按主观意愿行事，那么我们可能徒增烦恼。好多时候，不“顺受之”，是导致自我毁灭的最大因素之一。

为了更好地实现自己的所愿，也为了在紧张的过程中为自己寻觅一个小憩的良机，我们应该坦然地承认生活的法则，不必抗拒。我们应该清楚，自己能够控制什么，不能掌握什么，在对残酷的现实无能为力的时候，最明智的方法就是在随遇而安、顺势而为中耐心等待下去。

在适当的时候接受命运的安排，来什么就品味什么，珍惜现在所拥有的，人生在等待中也许会更坦然，更洒脱，更快乐。

心灵箴言

行到水穷处，坐看云起时。

——王维

勇敢的人随遇而安，所到之处都是故乡。

——[英] 菲利普

你不得不随遇而安，但是，你应该努力按照你向往的方式去生活。

——[美] 坎贝尔

尽管失败和挫折等待着人们，一次次地夺走青春的容颜，但却给人生的前景增添了一份尊严，这是任何顺利的成功都不能做到的。

——[美] 梭罗

要知道，幸福就在当下

故事话题

有这样一个耐人寻味的故事：

有个美国人，在墨西哥海边村庄的码头上散步。忽然，他看见一艘停泊的小船，船上有几条大黄鱼，于是就跟墨西哥人赞美鱼的质量，然后问他："要花多长时间捕到这些鱼？"

墨西哥渔夫回答道："一会儿的工夫就有了。"

美国人接着问："为什么不在海上多花一点时间，捕更多的鱼？"

渔夫说："这些鱼已经够我们一大家子吃了，不用太多。"

美国人问："那你其他时间做什么呢？"

渔夫说："我每天睡到很晚，上午钓钓鱼，陪孩子玩玩，和老婆睡个午觉。每晚到村里喝点酒，跟朋友弹弹吉他。就这样，我每天都活得很充实。"

美国人不无嘲弄地说道："我是哈佛企管硕士，可以帮助你。你应该花更多时间捕鱼，接着买艘大一点的船，再买几艘船，最后拥有一个捕鱼船队。你不用再卖鱼给中间商，直接把鱼卖给加工厂。到最后，你会拥有自己的罐头工厂，从产品加工到营销，完全自己掌控。你还可以搬离这个沿海小村庄，到墨西哥市，到洛杉矶，最后住到纽约，在那里扩张事业。"

渔夫说："但是，先生，那要花多长时间？"

美国人说："15 到 20 年吧。"

"然后呢？先生。"

美国人笑着说："接着就是最棒的了。如果时机好，你可以宣布股票

上市，自己成为富翁！”

“成为富翁？然后呢？”

美国人说：“然后你就可以退休了。搬到一个小渔村，你可以睡到很晚，钓钓鱼，跟孩子们玩一玩，和老婆睡个午觉，每晚遛达到村里喝点酒，跟朋友们玩玩吉他。”

听到这里，墨西哥人洒然一笑：“先生，如果是这样，为什么要绕那么大一个圈子呢，我现在不正过着你设想中的生活吗？”

故事解析

墨西哥人是睿智的。如果沿着美国人铺设的人生轨道走下去，苦苦奋斗几十年所能得到的，还不是当下已经拥有的生活吗？然而，多少人一生在茫茫红尘中奔走，在名与利的泥潭中跋涉，总是以为自己所追求的幸福在更远的地方。结果，忙忙碌碌转了一个大圈之后，才发现真正的幸福恰恰就在原来出发的地方。等到意识到什么是真正幸福的时候，生命留给自己享受幸福的时间，往往已经少得不能再少。

生命是用来享受生活的。我们应该学会享受当下的幸福。学学墨西哥人的睿智，从今天开始，学会享受当下，从每一天最平常的日子中，品尝幸福的滋味。如此，我们会品味到更多一些的人生幸福。

故事穿越

有个小和尚，每天早上起来负责清扫寺院里的落叶。清晨起床扫落叶，实在是一件苦差事，尤其在秋冬之际，每一次起风时，树叶总随风飞舞。每天早上都需要花费许多时间才能清扫完树叶，这让小和尚头痛不已。他一直想要找个好办法让自己轻松些。

后来有个和尚跟他说："你在明天打扫之前，先用力摇树，把落叶统统摇下来，后天就可以不用扫落叶了。"小和尚觉得这是个好办法，决定

试一试。于是，隔天他起了个大早，使劲地猛摇树，这样他就可以把今天跟明天的落叶一次扫干净了。一整天小和尚都非常开心。

第二天，小和尚到院子里一看，他不禁傻眼了。院子里如往日一样满地落叶。

老和尚走了过来，对小和尚说："傻孩子，无论你今天怎么用力摇晃，明天的落叶还是会飘下来。"小和尚终于明白了，世上有很多事是无法提前的，惟有认真地活在当下，才是最真实的人生态度。

故事微语

库里希坡斯曾说："过去跟未来并不是'存在'的东西，而是'存在过'和'可能存在'的东西，唯一'存在'的是现在。"活在当下是一种全身心地投入人生的生活方式，当你活在当下，而没有过去拖在你后面，也没有未来拉着你往前时，你全部的能量都集中在这一时刻。生命因此具有一种强烈的张力，这就是使生活丰富的惟一方式。除此之外的人们都是"贫穷"的，他们也许拥有很多钱财，但他们依旧是"穷人"。

世界上有两种穷人：富有的穷人和没有钱的穷人。充实的感觉和对物质财富拥有的多少关系不大，它往往和你生活的方式、生活的品质、生命的喜乐、生命的特性有关。而所有这些东西只有通过静心才可能感受到其

中的深意。

“当下”给了你一个深入生命之泉，或是飞进生命天空的机会。但是在两边都有危险，“过去”和“未来”是人类语言里最危险的两个词，生活在过去和未来之间的这种“当下”，几乎就好像走在一条绳索上，在它的两边都有危险。但是一旦你尝到了“当下”这个片刻的甜蜜，你就不会去顾虑那些危险；一旦你跟生命保持在同一步调，其他的就无关紧要了。对你而言，生命就是一切。

心灵箴言

人生天地之间，若白驹过隙，忽然而已。

——庄子

盛年不重来，一日难再晨。及时当勉励，岁月不待人。

——陶渊明

如果每一刻都能够活在当下，那么就不会有过去及未来，而现在就成为永恒。

——古龙

我以为世间最可贵的就是“今”，最易丧失的也是“今”。因为它最容易丧失，所以更觉得它宝贵。

——李大钊

第五篇

成就自己：在世俗智慧里演绎最美年华

时间会过去，人也会随着时间而老去。

这世上的事，原本就经不起时间的等待。所以，让你的心在今天驻留，从今天开始，驾驭今天，奋斗今天。不再在昨日的过失与失败中抱怨，不再在明日的虚无中空想，并且珍视现如今所拥有的美好时光，以及身边的人，与他们共同分享你的成就。

最曼妙的守候是以逸待劳

故事话题

20 世纪 80 年代末，日本的朝日啤酒预见到消费者的购买习惯将发生变化，于是效法沃尔玛，在新战场建了个堡垒，静候竞争。

朝日啤酒，意在取代日本啤酒业的领头羊麒麟。然而，想在货架上占一席之地绝非易事，更无须说与当时在酒店里颇有影响力的麒麟一争高下了。但，朝日在等待中窥探到一丝契机，就是消费者的购买习惯正在发生变化。

据观察，朝日发现，当时去酒店买啤酒的多是女性，与男性想比，她们好像更倾向于到超市购物，而不是去酒店里直接购买。于是，朝日提高了在超市的啤酒量。朝日深信，押注超市最终会胜过酒店，超市将成为最重要的啤酒销售渠道。它停止猛撞酒店大门的做法，而是同经营食品杂货商建立了强力的推销关系。

果不其然，人们去食品杂货店买啤酒的势头愈来愈旺。麒麟发现后急忙调整入市方向，但为时已晚，他发现朝日早已进入一步，和超市建立了较为稳固的合作关系，并抢先在消费者心里占据了主要地位。朝日的伏兵掀翻了麒麟的桌子，使朝日在日本啤酒市场占据了领先地位。

故事解析

从这个事例中，我们不难发现，朝日掀翻强大的竞争对手，使自己占有绝对的优势决不是一日之功。他通过设定新战场，筑好防御工事，守株待兔，把战场转移转化为优势。如果朝日目光短浅，很难发现这一点，因为销售地点的转换，或许几十年只发生一次。

因此，要想成功地运用“以逸待劳”之计，必须要目光敏锐，善于谋划。如此，方可从容应对时事的变化，待机而动，后发制人。

故事穿越

西汉末年，陇甘军阀隗嚣欲脱离刘秀，转身投靠在四川称帝的公孙述。刘秀得知大怒，遂派兵去攻打隗嚣，结果反被隗嚣打败。

刘秀再派征西大将军冯异，前去占领栒邑。隗嚣得到消息，命令部将行巡立刻去栒邑抢占有利地形。冯异的部将们知道后，都劝冯异不要和行巡大军作战。

冯异斩钉截铁地说："我们必须抢占栒邑'已逸待劳'。"冯异命令部队急行军，抢在行巡之前，占领了栒邑。冯异严密封锁消息，紧闭城门，偃旗息鼓，让将士们休整。行巡的部队急匆匆地刚赶到城下，城楼上突然鼓声大作，亮出了冯异的帅旗。行巡的军队毫无防备，吓得四下逃窜。冯异大开城门，领兵冲出城来，大败敌军。

让自己的军队养精蓄锐，以等候从远方赶来的敌军，以达到消灭敌人的目的，称为以逸待劳。

故事微语

所谓以逸待劳，就是在敌人气势正盛之际，不直接进攻，而是坚守住自己的阵地，消磨敌人士气，使敌人疲于奔命。同时审时度势，寻找最有利的战机，从而后发制人、一举破敌。

"以逸待劳"之计的智慧在于，面对强大的对手时，要善于休整，养精蓄锐，不急不躁，能忍则忍，能让则让，待时机成熟后，再找机会

战胜对方。

孙武《孙子兵法之军争篇》有云："善用兵者，避其锐气，击其惰归，此治气者也。以治待乱，以静待哗，此治心者也。以近待远，以佚（逸）待劳，以饱待饥，此治力者也。"

如篇中所说，善于用兵的人，会避开敌人旺盛的士气，当敌人疲于奔命时再出击，这就是从士气上压倒敌人的办法。而后严整自己的军队，等待敌人发生混乱，用自己的从容冷静，等待敌人的急躁不安，这就是从心理上制服敌人的办法。用接近阵地的军队迎击远道而来的敌人，用休整好的部队攻击疲惫不堪的敌军，用饱食的士兵来对付饥饿的敌人，这就是在实力上战胜敌人的办法。

以逸待劳，就是沉着不露，蓄势待机，以便采取雷霆万钧的一击。以逸待劳在军事上就是以不变应万变，以静对动，积极调动敌人，创造战机，不让敌人调动自己，而要努力牵着敌人的鼻子走。

心灵箴言

千红万紫安排着，只待新雷第一声。

——张维屏

善于等待的人，一切都会及时来到。

——[法] 巴尔扎克

人生是跋涉，也是旅行；是等待，也是重逢；是探险，也是寻宝；是眼泪，也是歌声。

——汪国真

一般人总是等待着机会从天而降，而不想努力工作来创造这种机会。当一个人梦想着如何去挣五万镑钱时，一百个人却干脆梦着五万镑就掉在他们眼前。

——[英] 米尔恩

守候一份成功的信念

故事话题

简森在1988年首次参加了冬奥会，他是一个在500米、1000米速滑项目上具备夺冠实力的运动员。然而不幸的是，就在比赛开赛前几天，他的妹妹因为身患白血病去世了。沉重的打击使得他在500米速滑比赛中惨败，刚一出发，就重重地滑倒在了地上。随后的1000米速滑中，他再次摔倒在赛场上，他自己都无法相信，第一次参加奥运会竟以两次摔倒而收场。

四年后的冬奥会，简森再次在赛场上滑倒，与奖牌擦肩而过。很多人都认为倒霉的简森会就此黯然离开赛场。但出人意料的是，简森选择了坚持与继续战斗。

1992年，奥委会决定，冬奥会和夏季奥运会不再在同一年举行，这使得简森只等待了两年就得到了再次参加奥运会的机会。但命运再次与他开起了玩笑，他再次因滑倒而与奖牌无缘。

当简森第四次站在冬奥会的赛场上时，在挪威举行的1000米速滑比赛将是他奥运生涯的最后一站。许多见证过简森失败、认为他运气糟糕透顶的人，都难以相信他会再次参加比赛。观众的眼神充满了崇敬，所有人都在心中默默祈祷，祝愿顽强的简森能够夺得1000米速滑比赛的冠军。

在比赛中，简森遥遥领先于其他选手，但也出现了两次可怕的手扶地的险情，许多观众都紧张得闭上了眼睛，担心噩梦再次降临到简森的头上。但简森并没有滑倒，有惊无险地抓住了这个最后的夺冠机会，以打破世界纪录的成绩获得了自己第一枚也是唯一一枚奥运会金牌。他也赢得了全场最为热烈的掌声。

故事解析

简森四次参加奥运会，五次在赛场上滑倒，这样的人生际遇足以令人精神崩溃。但倒霉的简森并没有屈服于命运的安排，而是用坚定的信念作为支撑，屡次倒下又屡次站起来，他的站立只比倒下多一次，但也正是这多出来的一次，使他最终战胜了命运中的种种障碍，实现了心中的奥运梦想。

即使在现实遭遇残酷的冲击时，我们也要学会用一份坚定不移的成功的信念与命运抗争，与时间角逐。千万不能轻言放弃，只要你心里潜在坚持理想的精神，它就能支撑你在漫长的等待中傲然前行。

并不是每个人付出了就一定能得到好的结果，有些事总是看不到希望，甚至是不知道是否会有结果。不能成功没有关系，得不到好的结果也没有关系，因为只要这一秒不失望下一秒就有希望。

故事穿越

川上源一担任日本乐器公司董事长时才只有38岁，他上任后不久，通过对市场的仔细分析，感到要在激烈的商业竞争中独占鳌头，光靠开拓更多的客户是不够的，还要按部就班地给自己铺路。

过了没多久，川上就开办了山叶音乐教室，招收了将近百万的学生。音乐教室分好几种类型的班，有长笛班、电子合成器班、特殊人才训练班等。音乐教室的师资相当不错，配备最好的老师、最好的教材。音乐教室其实是山叶音乐振兴会的一部分，财力来源是独立的。川上为这项教育事业投入了20多亿日元的资金。很多人认为不值得，川上却乐此不疲，而且公开声明自己的行为只是善意之举，不掺杂商业色彩。

但是事实并非如此，虽然严禁教师在课堂上对山叶乐器搞宣传，但学员的名单已通过他们送到了山叶乐器公司的手中，这些学员便成了山叶乐器推销员搞产品促销的对象。另外，电子琴的教程是音乐振兴会编的，如果不用山叶的电子琴，就无法弹奏出来。况且班级层次越高，学员的水平就越高，只有使用山叶乐器才能演奏好该级别的音乐。所以，实质上音乐教育对山叶乐器公司是益处多多。

川上源一的音乐教室为山叶乐器公司的成功奠定了基础，当他的对手猛然醒悟时，山叶乐器早已在市场上站稳了脚跟。不与对手硬拼，而是“明修栈道，暗渡陈仓”，这正是川上源一的成功之处。

故事微语

世界上，有很多人以等待作为自我安慰的口实，来掩盖内心的恐慌、消沉、自卑与不安。等待也可以成为他们茫然退缩、停滞不前的借口。如果将人生中的等待比喻成珠子，那么，联接起它的只能是人的生命力和意志力。

真正的等待并不是守株待兔，也并非望梅止渴，等待是苦涩的，同样又是焦急的，我们需要的是拥有坚忍不拔的意志，身心投入地在等待中守望和成长。

为什么在相同的时间内，人生的道路相同，人的命运却有天壤之别？人的意志代表着一种信念，一种积极向上的精神元素，也是挑战，是坚守，更是梦想的合成，还是进取心与行动力的最佳证明，有了它，才有了真正意义上的等待与人生。

每个人的心中都藏着一个梦想。但现实的阻力往往像一盆又一盆冰水浇到你的头上，直到火种熄灭。坚持自己的梦想需要勇气，能够坚持自己梦想的人才是心灵上的自由人，因为他们不会屈从于现实，不需要扭曲自己，他们都以坚强的意志力在等待中排除万难，从而实现自我的人生价值。

心灵箴言

最可怕的敌人，就是没有坚强的信念。

——[法] 罗曼·罗兰

在荆棘道路上，惟有信念和忍耐能开辟出康庄大道。

——[日] 松下幸之助

信念是鸟，它在黎明前仍然黑暗之际，感觉到了光明，唱出了歌。

——[印] 泰戈尔

喷泉的高度不会超过它的源头，一个人的事业也是这样，他的成就决不会超过自己的信念。

——[美] 林肯

守候亲情，获得永恒的力量

故事话题

1935 年，尚且在襁褓中的吴胜明在母亲改嫁后，就再也没能见过母亲。14 岁那年，她因为对封建婚姻束缚不满而独自离家，去了灯火辉煌的大上海。25 岁那年，她与一位小伙子谈起了恋爱，而后为了躲避家庭的重重阻挠，与小伙子一同逃到青海，开了一家小小的电器维修部。

一年后，她怀孕了，像所有母亲一样，满心喜悦地等待孩子降临人世。可一次不幸的意外，残忍地割断了她和腹中骨肉的缘分。两个月后，她再度怀孕，再度流产。医生说，这可能是由高原反应引起的习惯性流产。在经历了 10 次流产事件之后，她终于盼来了一个女儿。

女儿出生的第二年，她义无反顾地打开了经商的门路。从广东沿海等地区大量批发收音机、的确良衣裤等紧俏物品，而后再到西安、郑州等内陆城市出售。7 年后，她独自一人在上海积累起了千万资产。可是就在她发展得如日中天时，法院却以走私倒卖等罪名将她毫不留情地逮捕入狱。一夜之间，她从身家千万风光无限的公司总裁沦落为暗无天日一文不值的死刑犯。在狱警的帮助下，她很快提出了上诉。但最终的结果，也只是把死刑变成了死缓。但是女儿并没有责怪她，而是哭着求她尽早出狱。吴胜明为了女儿，每日都在努力表现，争取从轻处罚。

可是女儿连等了两个 5 年都没能盼到妈妈出来与自己团圆。在经历一系列事情后，万念俱灰的女儿于 16 岁生日那天，自杀身亡了。吴胜明在狱中得知消息后，顿时眼前天昏地暗。狱警把女儿生前的遗书给她。上面赫然写着："妈妈，我错了，真的对不起您……假如有一天您能出来，尽量做点对社会有益的事情吧，收留那些寄人篱下、无家可归的老人。假如您不答应，我是不会瞑目的……"女儿最后的愿望，使她坚持到了最后。

出狱那天，她已 74 岁高龄。4 年后，78 岁的她再度白手起家成为身家千万的富豪。她的梦想，就是建一所公益性的养老院，借以完成女儿的心愿。

这就是母爱，是亲情的力量，是我们漫长的人生旅途中一笔宝贵的财富。如果说人生就是由这一连串的等待组成的，那么，母爱就是我们等待的力量，等待的源泉，等待的最终归属。

故事解析

假如说，友情与爱情都是有变数的，那么亲情便是一种永恒不变的力量，它总会陪伴我们从出生到成长直至老去。

这份血脉相承的情感无须补偿，不计较得失，是最心甘情愿的付出。在我们遭遇挫折时，我们的亲人会为我们提供永远的栖息之所。即使我们的人生饱受等待之苦，也会带给我们一种无形的力量，让我们勇敢地穿越苦难，去探索人生中那些不可实现的未知。伟大而传奇的母亲吴胜明的经历便有力地证明了这一点。

故事穿越

著名画家达·芬奇的父亲彼特罗，是一位令人称道的好爸爸。他培养孩子的信条是：给孩子最大的自由，让孩子发展自己的兴趣。

达·芬奇 6 岁那年踏入校园，在学校里学到了很多知识，但他最大的兴趣，还是在于绘画。一天，他上课不专心听讲，还给老师画了一幅速写。回家后，达·芬奇把速写拿给父亲看，父亲非但没有生气，还夸奖他画得很好，决定培养他在这方面的才华。

正是因为父亲如此开明，达·芬奇才得以全身心地投入到自己喜爱的绘画中，甚至敢专门画画恐吓老爸。一次，他花了一个月时间，在盾牌上画了一个两眼冒火、鼻孔生烟，看起来十分可怕的女妖头。为了把父亲吓一跳，他还关紧窗户，只让一缕光线照到女妖头的脸上。后来，父亲一进家就被盾牌上的画吓坏了，可是等达·芬奇哈哈大笑地解释完，他竟然也没有责备儿子。

16 岁那年，父亲把达·芬奇带到画家维罗奇奥那里学画画。在维罗奇奥的指导下，达·芬奇刻苦学习，掌握了很多绘画技巧，终于成为一代大画家。

故事微语

父爱是一首抒情的诗，父爱也是一杯沁人心脾的香茶，不善于表露出来，但却无处不在。父爱如山，恩重如天，父爱是一汪水，深藏不露；父爱是一把弓，弯曲了自己却使子女飞得更远，父爱包含了太多太多。

或许很多人小时侯，都喜欢仰望父亲的英姿，看着父亲宽阔的臂膀，于是盼望着自己快点长大。父亲的一言一行都在自己幼小的心里扎根，他就是自己的英雄。每当看到父亲充满威严和慈爱的眼睛时，总不敢越雷池一步；每次犯错时，父亲总以浪子回头金不换，大器晚成来安慰鼓励孩子们，让孩子们一次次站起来，对父亲既信任又依赖。

父亲就像一台不休息的机器，用自己宽阔的臂膀支撑着整个家。父爱没有延长的柔水，没有体贴的温馨的话语，父爱是一座山，是一棵树，是默默的祝福期盼，而这份爱，会变成永恒的力量，激励每一个孩子积极生活，努力拼搏。

心灵箴言

谁言寸草心，报得三春晖。

——孟郊

在孩子的嘴上和心中，母亲就是上帝

——萨克雷

世界上的一切光荣和骄傲，都来自母亲。

——高尔基

世界上有一种最美丽的声音，那便是母亲的呼唤。

——但丁

谁拒绝父母对自己的训导，谁就首先失去了做人的机会。

——哈吉·阿布巴卡·伊芒

守候友情，人生才不孤单

故事话题

第二次世界大战期间，美军空降兵第 82 师和第 11 师突击队 3 个团分别在圣曼·伊格利斯、圣马丁·特代拉维尔、圣马利·杜蒙、圣高姆·杜蒙地域开始着陆，揭开了历史性的篇章。

在美军诺曼底登陆后，德军发现了防线上的漏洞。可兵力过于薄弱，难以抵挡美军的侵袭。于是，他们采取了强力抵抗的措施。在一片茂密的森林里，美德展开了一次残忍的厮杀。小部分的美军在经过一片陌生的森林时，遭到了德军的猛烈打击。最后，在硝烟弥漫的视线里，只剩下了两个美国军人。

德军的步伐逐渐靠近他们所在的树林，他们端着枪支不断地扫描那些茂密的树林和灌木。在最后的路程里，他们不约而同地轻微地晃动了手腕，调整好配枪的位置，检查子弹是否充足。

随着德军脚步的临近，他们开始朝着二人前面的一片灌木丛开枪。其中一位美国军人把配枪抬起，瞄准了最前面的德军首领，正准备开枪做最后的抗争时，另外一位美军忽然站起，并且在站起的一瞬间，用极其坚定和微弱的语气告诉另外一位战士："好好地活着，等我回来！"

所有的德军都在他冲出树林时的那一刹那大叫了起来，并且沿着他奔跑的方向迅速追去，枪声不断。留下的美国军人潜伏在草丛里，紧紧地抱着枪支，差点把牙齿咬碎，早已泪流满面。

所有的人都很清楚，那个勇敢的战士已经在战斗中壮烈牺牲了。但在反法西斯战争胜利 60 年的采访中，记者惊奇地在这一片树林里看到了一座陈旧的木房子，而木房子里住着的，正是那位幸存下来的美国军人。

对于二战归来的军人，美国的福利一直非常的完善，可他为什么还要留在这里呢？当记者问他为何不选择回国时，他用最温柔的语调回答了记者："我在等我的战友回来。"一脸的希冀。这一等，便是整整 60 年。

故事解析

二战对于全世界的人民而言，都是一次前所未有的灾难。幸好还有那么一些人，温存烟火中尚留的那些真情，并保留着那些真情，将它传递到还有生命栖息的每一个角落。

而对于我们平凡人来说，只要耐心去等待，友谊和真情终会经过岁月的淘洗而沉淀出它本真的色彩，为我们的人生奉上最美的华彩。只要我们耐心等待，真情和爱的力量就会像火种一样传递下去，向人间传递绵延不尽的温暖。

人生需要友谊，在没有友谊和仁爱的人群中生活，那种苦闷正犹如一句古代拉丁谚语所说：“一座城市如同一片旷野。”真正的友情，不会被欲望与利害的权衡所驱使，因为它是心灵的呼声和情感的共鸣，是一种不掺杂质的纯信赖的感情。

故事穿越

战国时期，有一位名叫俞伯牙的人，琴弹得特别好。一天，他正在深山老林里弹琴，不时来了一个打柴人，名叫钟子期。俞伯牙一弹琴，钟子期就说：“峨峨兮若泰山。”俞伯牙心里很惊讶，因为对方正好说中了自己所弹之音的意义。俞伯牙心想：我要换一个主题，表现一下流水，看此人还能不能听出来。谁知，钟子期一听，又说：“洋洋兮若江河。”

随后，不论俞伯牙弹什么，钟子期都能听出音乐表现的内容。于是乎，两个人就成了一对知音。但是，好景不长，没多久钟子期就去世了。俞伯牙痛失知音，伤心到极点的时候，就把自己的琴给摔了，发誓永远不再弹琴。

这个故事后来就形成了“高山流水”的成语，形成了“知音”这样一个日常生活中常用的词。

故事微语

人生需要友情，真正的朋友，是能够互相理解，相互信赖的。假如我们能在人生中遇到这样一位知己，实乃一件幸事。然而，既使遇到了自己的知己，你们的友谊之花，也要用心来培育。在这一过程中，需要你扩大自身的我，学会换位思考，以真挚的情感来与对方的心灵互动，以达到真正的理解、支持、协助，并在此基础上，形成人生路上每一个等待途中的共同成长。

真正的友谊，会在你危难时带给你鼓励，在你情绪低落时让你重拾自信，也会在你伤心郁闷时让你得到真正的倾诉。友谊是用心来交流的，是可遇不可求的。真正的友谊很纯粹，它不但需要你耐心地去等待，同时也需要你不断地用时间来维护，更会在时间中彰显出等待的价值。

心灵箴言

人生得一知己足矣，斯世当以同怀视之。

——鲁迅

人生最美好的东西，就是他同别人的友谊。

——[美] 林肯

不论是多情的诗句，漂亮的文章，还是闲暇的欢乐，什么都不能代替亲密的友情。

——[俄] 普希金

益者三友，损者三友。友直，友谅，友多闻，益矣；友便辟，友善柔，友便佞，损矣。

——孔子

守候人世间所有纯真的爱

故事话题

有这样一个真实的故事：一家跨国儿童娱乐公司结束在马来西亚的表演后，所有器材道具都要运往国外，准备下一站的表演，而所有工作人员也都已经离开了，只有一名演员还没有走。这时，一个患癌症的儿童要求妈妈带他去看表演，可是表演已经结束，无奈之下，她只好打电话去主办单位碰碰运气。

主办单位的负责人了解到此事后，抱着试试看的心理立刻联系了跨国娱乐公司的区域负责人。孰料，该名跨国公司负责人竟一口答应小孩的愿望。他首先致电要求仍留在马来西亚度假的演员取消假期，然后紧急通知下一站表演的当地分公司将所需道具快递回来。

最后，这名癌症儿童的愿望终于实现了，他不但看到了自己梦寐以求的卡通表演，还同自己的偶像合了影。但鲜为人知的是，这个看起来轻而易举的演出，竟花了公司超过 2 万令吉的费用。而该公司提出的唯一要求，就是不要有传媒采访。几天后，癌症儿童去世了，带着满足的微笑，去了另一个世界。

故事解析

就像社会上发生过的很多事情一样，这件事情也会悄悄成为过去，渐渐被人们遗忘。到那时，没有人会记得，也不会有谁再提起。但是，当孩子母亲或当娱乐公司的负责人想起这件事时，心里还是会充满温暖。

古人云：“不因善小而不为，不以恶小而为之”。行善事，也是一种传递爱的方式。行善要及时，若不能时时刻刻把握机缘，或不愿做小善，只想行大善，甚至拖延等待，不伸出援手，这种错误的观念，将会误人误己，甚至误事，对个人、家庭、社会都会造成损害。

试想，若是这家儿童娱乐公司没有一点爱心，断然拒绝了孩子家长的请求，虽然对他们本身没有多大影响，但是却能给孩子造成终生的遗憾，也会让他的父母感到悔恨。所幸的是，这家公司有着无偿献爱心的精神，他们的行动不求名，不求利，只是希望能满足一个癌症患儿临死前的一个小小的愿望。

人间处处有真情，社会应该如这家公司，大到组织团体，小到个人，都做好事不求回报，及时行善。人活在这个世界上，要能为他人做点有益的事情，怀着一颗善心，把善良当成一生的信念，要善待自己、善待他人、善待这世界上的一草一木，问心无愧地活着，这才是一种活的境界。

故事穿越

张爱玲的姑姑张茂渊，是位有着中国传统文化底蕴，又受过西方教育的魅力女性。她不仅长相清甜，还拥有父亲给其留下的巨额财产。

在人生最美丽的时刻，她爱上了一个有着婚约的男青年——李开第。两人彼此欣赏相悦，可两人又都有共同的地方：不愿别人痛苦。最终张茂渊选择离开，选择等待。她说：“如果今生等不到你，我等来生。”

但这一等绝非两三年，而是长达 50 年。50 年，人生已过半，原来风华正茂的少女这时已成双鬓花白的老妇。在这 50 年里，她没再爱过别人，只是用一颗充满爱的心等待着，等待着。当李开第的老伴辞世，78 岁的张茂渊嫁给了她的初恋情人，从此过着幸福的生活，一直到 90 岁。

故事微语

张茂渊用50年的等待换来了12年的相依相守，老天终于让他们圆了多年的夙愿。但是，走得最快的总是最美的时光。

不是所有的感情都能经受得住时间的考验，炽热的恋情在岁月的更迭中渐渐黯淡；也不是所有的人都能像张茂渊那样耐得住寂寞，在浮躁和彷徨中，人们会为了找一个心里依靠而轻易地与人恋爱；也不是所有的人都沉得住气，当周围多数人都步入婚姻礼堂时，有些人为了跟上大流，为结婚而结婚。

如果认定婚姻是一种归宿，而不是一种生活，自是另一种价值观。在这种价值观里，一切由对方表现出发，而不是从自己的心出发。对方的财

力，对自己的态度，是权衡的主要指标。至于，自己的感情，自己的心跳，当是忽略至一边。

而如果相信爱情的存在，相信有爱才能有婚姻，那么选择是不难的，自己的心里，真正装的是谁，谁的皱眉会让自己跟着难过，谁的微笑会让自己跟着开心，这个答案，不需思索，早已根植芳心。

如果两个人彼此真诚相爱，共同用真心营造一个温馨的家，在工作劳累之余有一个可以停靠的宁静港湾，这便是人生最大的幸福。

心灵箴言

爱是美德的种子。

——[意] 但丁

人生如花,而爱便是花的蜜。

——[英] 莎士比亚

曾经沧海难为水，除却巫山不是云。

——元稹

衣带渐宽终不悔，为伊消得人憔悴。

——柳永

心灵榜样微史话

李煜

李煜，五代十国时南唐国君，初名从嘉，字重光，号钟隐、莲峰居士。汉族，祖籍彭城（今江苏徐州）人。相传生于天祚三年七月初七，为南唐元宗李璟第六子，史称李后主。

李煜虽不精于政治，但其艺术才华非凡。精书法，善绘画，通音律，诗文均有一定造诣，在中国词史上占有一席之地，对后世影响甚大。他继承了晚唐以来花间派词人的传统，但又通过具体可感的个性形象，反映现实生活中具有一般意义的某种意境，将词的创作向前推进了一大步，扩大了词的表现领域。

李煜文、词、书、画创作均丰，其词主要收集在《南唐二主词》中，有《虞美人·春花秋月何时了》《相见欢·无言独上西楼》等。他还极力推广了澄心堂纸，与大周后一同修补了《霓裳羽衣曲》，被誉为“千古词帝”。

岳飞

岳飞，字鹏举，宋相州汤阴县（今河南安阳汤阴县）人，中国历史上著名的军事家、战略家、民族英雄，位列南宋中兴四将之首。

他重视人民抗金力量，缔造了“连结河朔”之谋，主张黄河以北的抗金义军和宋军互相配合，夹击金军，以收复失地。岳飞治军，赏罚分明，纪律严整，又能体恤部属，以身作则，他率领的“岳家军”号称“冻杀不拆屋，饿杀不打掳”；金人流传有“撼山易，撼岳家军难”的哀叹，表示对“岳家军”的最高赞誉。

岳飞反对宋廷“仅令自守以待敌，不敢远攻而求胜”的消极防御战略，一贯主张积极进攻，以夺取抗金斗争的胜利；他是南宋初唯一组织大规模进攻战役的统帅。

岳飞的文学才华也是将帅中少有的，他的不朽词作《满江红·怒发冲冠》，是千古传诵的爱国名篇，著有《岳忠武王文集》

路易斯·巴斯德

路易·巴斯德，法国微生物学家、化学家。近代微生物学的奠基人。他研究了微生物的类型、习性、营养、繁殖、作用等，奠定了工业微生物学和医学微生物学的基础，并开创了微生物生理学。他循此前进，在战胜狂犬病、鸡霍乱、炭疽病、蚕病等方面都取得了成果。英国医生李斯特并据此解决了创口感染问题。从此，整个医学迈进了细菌学时代，得到了空前的发展。

美国学者麦克·哈特所著的《影响人类历史进程的 100 名人排行榜》中，巴斯德名列第 12 位，可见其在人类历史上巨大的影响力。其发明的巴氏消毒法直至现在仍被应用。

斯塔提乌斯

斯塔提乌斯是罗马帝国作家，在那不勒斯出生并逝世，其父是一位学校教员和诗人。移居罗马后，因其诗作赢得盛誉。他的作品《底比斯战纪》现仍存世，共 12 卷，是记载七雄远征底比斯的史诗，于公元 90 或 91 年刊布。

他还著有五卷本的 32 首短诗集《希尔瓦》。“Silvae”一词最初指代文学作品的原始素材，但斯塔提乌斯以之为名后，开始指代一些即兴诗作的合集。前四卷在公元 91 年到公元 95 年间出版，第五卷在公元 96 年他去世后出版。《希尔瓦》在公元 5 世纪仍有流传，但之后即销声匿迹，公元 1417 年才发现一部手稿。

《阿喀琉斯纪》是斯塔提乌斯的另一部史诗，是有关阿喀琉斯的故事，他去世时仍未完成。其他一些作品现已轶失。他因其史诗作品而在中世纪受到尊崇。

亚历山大·弗莱明

亚历山大·弗莱明，出生于苏格兰基马尔诺克附近的洛克菲尔德，是英国的细菌学家。是他首先发现青霉素，后英国病理学家弗劳雷、德国生物化学家钱恩进一步研究改进，并成功的用于医治人的疾病，三人共获诺贝尔生理或医学奖。

青霉素的发现，使人类找到了一种具有强大杀菌作用的药物，结束了传染病几乎无法治疗的时代；从此出现了寻找抗菌素新药的高潮，人类进入了合成新药的新时代。在美国学者麦克·哈特所著的《影响人类历史进程的 100 名人排行榜》中，弗莱明名列第 45 位。

阿利盖利·但丁

但丁·阿利盖利，出生在意大利的佛罗伦萨一个没落的贵族家庭。他是现代意大利语的奠基者，欧洲文艺复兴时代的开拓人物之一，以长诗《神曲》留名后世。他被认为是意大利最伟大的诗人，也是西方最杰出的诗人之一，最伟大的作家之一。

其父因家道中落，长期经商。当时该城有代表封建贵族利益、支持罗马教皇的基白林党和支持神圣罗马帝国皇帝、代表资产阶级利益的贵尔夫党。但丁的父亲自然拥戴贵尔夫党，而但丁本人后来则成为该党的领袖之一。

路易斯·巴斯德

路易·巴斯德，法国微生物学家、化学家。近代微生物学的奠基人。他研究了微生物的类型、习性、营养、繁殖、作用等，奠定了工业微生物学和医学微生物学的基础，并开创了微生物生理学。他循此前进，在战胜狂犬病、鸡霍乱、炭疽病、蚕病等方面都取得了成果。英国医生李斯特并据此解决了创口感染问题。从此，整个医学迈进了细菌学时代，得到了空前的发展。

美国学者麦克·哈特所著的《影响人类历史进程的 100 名人排行榜》中，巴斯德名列第 12 位，可见其在人类历史上巨大的影响力。其发明的巴氏消毒法直至现在仍被应用。

弗朗西斯·培根

弗朗西斯·培根，第一代圣阿尔本子爵，是英国文艺复兴时期最重要的散文作家、哲学家。他不但在文学、哲学上多有建树，在自然科学领域里，也取得了重大成就。

培根是一位经历了诸多磨难的贵族子弟，复杂多变的生活经历丰富了他的阅历，随之而来的，是他的思想成熟，言论深邃，富含哲理。他的整个世界观是现世的而不是宗教的。

他是一位理性主义者而不是迷信的崇拜者，是一位经验论者而不是诡辩学者；在政治上，他是一位现实主义者而不是理论家。

玛克西姆·高尔基

玛克西姆·高尔基，是苏联著名的作家、诗人，评论家，政论家，学者。11岁时当过学徒。他是前苏联下诺夫哥罗德人，俄罗斯族。

1868年3月16日生于下诺夫哥罗德的一个木工家庭，是社会主义现实主义文学奠基人，无产阶级艺术最伟大的代表者、无产阶级革命文学导师、苏联文学的创始人之一。1892年用笔名“玛克西姆·高尔基”发表处女作短篇小说《马卡尔·楚德拉》，从此专心从事写作。后有自传三部曲《童年》《在人间》和《我的大学》，描写了作家从生活底层走向革命道路，劳动者寻找真理、追求光明的历程，是举世瞩目的巨作。

布封

布封，18世纪法国博物学家、作家。生于孟巴尔城一个律师家庭，原名乔治·路易·勒克来克，因继承关系，改姓德·布封。

布封从小受教会教育，爱好自然科学。1739年起担任皇家花园（植物园）主任。他用毕生精力经营皇家花园，并用40年时间写成36卷巨册的《自然史》。

布封是人文主义思想的继承者和宣传者，在他的作品中惯常用人性化的笔触描摹动物。他写的课文中的马就被赋予了人性的光彩，它像英勇忠义的战士，又像驯服诚实的奴仆，像豪迈而犷野的游侠，又像典雅高贵的绅士。

心灵修养用语微解

守候：守候，指守卫；看护。她没有睡觉，正在守候他的归来。

随缘：随缘，宗教术语。缘，指身心对外界的感触。也指顺应机缘；顺其自然。

当下：立即；立刻。出自 《三国志·吴志·陆凯传》；那个时候。出自明朝冯梦龙。

果断：决断，不犹豫；认清关键所在做出困难决定。出自《书·周官》，唐代陈子昂《为建安王答王尚书送生口书》。

纯真：纯正，纯一。唐·李白《夷则格上白鸠拂舞辞》："白鹭之白非纯真，外洁其色心匪仁。"纯洁真挚。明·张居正《谢皇太后慈谕疏》："自皇上临御以来，於兹七年，以圣躬则纯真未凿，天然完固。"

乐观：精神愉快，对事物的发展充满信心。与"悲观"相对。苏曼殊《碎簪》写道："念天地之悠悠，惟有强颜欢笑，情郁于中，而外貌矫为乐观。"巴金《秋》中写道："她永远保持着她的乐观，她的愉快的心情，她的勇气，她的欢笑。"

自信：是指自己相信自己。《墨子·亲士》："虽杂庸民，终无怨心，彼有自信者也。" 晋 陆机《君子行》中写道："近情苦自信，君子防未然。" 宋朝曾巩《〈战国策〉目录序》中写道："其说既美矣，卒以谓此书 战国 之谋士度时君之所能行，不得不然。则可谓惑于流俗，而不笃于自信者也。"

等待：不采取行动，直到期望或意料中的人、事物或情况出现。沈从文《萧萧》："这件事情既经说明白，照乡下规矩，倒又像不甚么要紧，只等待处分，大家反而释然了。"犹等到。《水浒传》第二回："史进回到庄上，将陈达绑在庭心内柱上，等待一发拿了那两个贼首，一并解官请赏。"

平和：平正谐和；调和。《左传·昭公元年》：“先王之乐，所以节百事也，故有五节；迟速本末以相及，中声以降。五降以后，不容弹矣。于是有烦手淫声，慆堙心耳，乃忘平和，君子弗听也。”宁静，温和，不偏激。《礼记·乐记》：“感条畅之气而灭平和之德，是以君子贱之也。”陈澔集说：“减败人心和平之德。”康复；痊愈。《晋书·华表传》：“伏惟圣体渐就平和，上下同庆，不觉抃舞。”方言。谓纷扰停止；在日语中，也有和平之意。

暗流涌动：暗地里已经酝酿、形成了某种比较明确的动向。

戒骄戒躁：戒：警惕，防备；躁：性急。警惕产生骄傲和急躁的情绪。毛泽东《在中国共产党全国代表会议上的讲话》：“戒骄戒躁，永远保持谦虚进取的精神。”

以逸待劳：以逸待劳，多指作战时采取守势，养精蓄锐，让敌人来攻，然后乘其疲劳，战而胜之。原作“以佚待劳”。《孙子·军争》：“以近待远，以佚待劳，以饱待饥，此治力者也。”唐·韩愈?《论淮西事宜状》：“若未可入，则深壁高垒，以逸待劳。”